岩波科学ライブラリー 170

地球環境の事件簿

石 弘之

岩波書店

まえがき

環境問題を追いかけはじめてから四十数年がたつ。この間、世界各地を走り回って問題を抱えている現場を訪ねてきた。そうした現場では「人類はここまで地球を食いつぶしてしまったのか」と、がく然とすることがしばしばあった。地球をスイカにたとえれば、赤身を食べ尽くして白身の部分をかじりはじめた、というところだろうか。それをもっとも実感したのはハイチでの衝撃的な経験だった。

「カリブ海」という響きには、楽園を思わせるような語感がある。観光客として行動していれば、楽園を楽しむことはできる。だが、高級リゾートホテルの裏口から一歩踏み出すと、いたる所に悲惨な光景が横たわっている。森林が皆伐され、その跡地は焼き払われて農地や牧場になり、農牧地が不毛化して荒れるに任されて、山肌はかき取ったように崩れ落ちている。

観光客がイセエビや海ガメのスープに舌づつみを打っているすぐ近くでは、島の子どもが栄養不良でうつろな目をしてうずくまっている。サハラ以南アフリカや南アジアに広がっているのとまったく同じ自然の荒廃を、カリブの島で目のあたりにするとは思ってもみなかった。コロンブスが約五〇〇年前に上陸したとき、あまりの美しさに旧約聖書のエデンの園はこの近くにあったのではと信じたほどだったというが、その面影はもはやない。

その後も訪れるたびに、政治経済の混乱が深まり、スラムが膨れあがって都市の機能のマヒが進んでいた。二〇一〇年一月にハイチを襲った大地震では、死者は二〇万人を大きく超えて、二〇世紀以後の最大の被害になりそうだという。二月にはチリでハイチ地震を上回る強い地震が発生した。こちらの死者は約八〇〇人だ。単純には比較できないが、貧しいハイチでは耐震建造物が少なく、衛生施設などのインフラが整備されず、森林破壊、土壌侵食などの環境破壊がこの差となって現われたのだろう。

「地球環境」とひとくくりにされるが、この悪化が最終的にどのような形で私たちの身辺におよんでくるのか。「飢饉」と「自然災害」という形をとるのではないか、と信じている。本書でも述べるように、このハイチをはじめ各地に居座っている飢餓は、地球が満員になってきた証しである。

そして、被害が急拡大している地震や洪水、干ばつなどの自然災害は、人間が山麓の急斜面や危険な海岸低地にまで住まざるを得なくなり、しかも痛めつけられた生態系が異常気象に耐えられなくなってきたことが、最大の原因だ。

本書は、地球の将来の先取りと思われる現象を世界各地に追ったものである。二〇〇九年五月から連載中の日経ＢＰ社「ＥＣＯ　ＪＡＰＡＮ」に連載した「「地球危機」発　人類の未来」を大幅に加筆した。連載中にお世話になった日経BP社の中西清隆さんと、岩波科学ライブラリーの一冊として企画してくださった岩波書店の首藤英児さんに心からお礼を申し上げたい。

二〇一〇年五月

石 弘之

目 次

写真提供：新華社＝共同（第5章40頁）
ロイター＝共同（第6章48頁）
共同通信社（第8章66頁）

file 1

深みにはまる食料問題

二〇五〇年の世界をいかに養うか

栄養不足人口
10億2千万人

人口は三割増で食料需要は六割増

長らく安定していた食料品の価格が二〇〇七～〇八年にかけて高騰し、戦後最悪の食料危機といわれた一九七〇年代初頭以来、三十数年ぶりに食料不安を引き起こした。二〇〇八年六月には、小麦、コメ、トウモロコシ、大豆、食用油などの価格は過去最高水準になった。このために、ハイチ、フィリピン、エジプト、シエラレオネなど、世界で約六〇件もの食料暴動が発生した。

こうした状況を受けて、国連食糧農業機関（FAO）は二〇〇九年九月、各国から約三〇〇人を集めて緊急の「ハイレベル専門家会合」をローマで開き、「二〇五〇年の世界をいかに養うか」という緊急レポートを発表した。レポートによると、世界の穀物生産は二〇〇〇年をベースにした約二一億トンから、二〇五〇年までにさらに一〇億トン以上、食肉生産は二億七〇〇〇万トンから二億トン以上増産する必要があるという。

とくに、人口増加の著しい発展途上地域では、この間に一〇億六〇〇〇万トンから一九億一四〇〇〇万トンに、九〇％も増やさなければならない。人口の伸びが止まった先進地域でも、食肉消費の増大やバイオ燃料生産のために、一〇億八〇〇〇万トンから一三億六三〇〇〇万トンまで三六％も増やさなくてはならない見通しだ。

最新の国連予測では、世界人口は現在の六八億から二〇五〇年には九一億五〇〇〇万人に達する。つまり、問題はこれから三分の一も増える人口をどう養うのか。しかも、増加する人口の九八％までが発展途上地域に集中する。なかでも、サハラ以南アフリカの人口増加がもっとも激しく、二〇五〇年には現在の二倍の一七億五〇〇〇万人になる。次いで南アジアが一・六倍の二四億五〇〇〇万人に膨れあがる。

都市化の進行で、二〇五〇年までには全人口の七割までが、食料の最大の消費地である都市に暮らすようになる。生活水準が上がると肉の消費量が増え、家畜の飼料として穀物需要が増えるので、人口の増加以上に必要になる。今後どれぐらいの量の食料がバイオ燃料の生産に回されるかも、食料需給の不安材料だ。

不足を補うために生産量を上げるには、二〇五〇年までに総額で八三〇〇億ドルの農業投資が必要だとレポートでは試算する。内訳は、二〇〇〇億ドルは穀物生産に、一三〇〇億ドルは家

食料危機がやってきたら，真っ先に不足するのは多くの人口が援助食料で生活しているアフリカだ(タンザニア)

畜の生産に、五〇〇億ドルは灌漑施設、農業機械、農薬、流通などだ。このためには、現在の農業投資のペースを一・五倍に加速しなければならない。

農地をどう確保するのか

世界的にみれば、可耕地はまだ十分にあるものの、中東や北アフリカ、南アジアなどでは、耕作可能な土地がすでに限界に近づきつつある国も少なくない。残されている可耕地も、農業用水が不足し、土壌の質が悪いために単収(単位面積あたりの収量)が低く、限られた作物しか作付けできない土地が多くを占める。このような土地で生産性を上げるには、灌漑用水路や土壌改善に多額の投資が必要になる。

今後の農地の新規需要を満たすには、農地を毎年約二〇〇〇万ヘクタール以上拡大する必要がある、とＦＡＯは予測する。しかし、現実には国際食糧政策研究所（ＩＦＰＲＩ）の調査によると、土壌侵食とそれにともなう収量の悪化のため、世界全体で年間推計一〇〇〇万ヘクタールもの耕地が放棄され、さらに一〇〇〇万ヘクタールが灌漑の副作用である塩類集積で被害を受けている。

このほか、都市化、工場、大型店、リゾート、道路、駐車場などのために失われる土地の面積は、世界全体で毎年一〇〇〇万〜三五〇〇万ヘクタールに達しており、その半分は耕地をつぶして転用したものだ。つまり毎年、世界の農地は二〜三％ずつ減少している。

また、レポートは気候変動の影響にも言及している。地球温暖化によって、二〇五〇年までに発展途上地域では農業生産が九〜二一％減少する可能性があるとみる。大気中のCO_2濃度の上昇は作物の単収に良い影響を与える場合もあるが、逆に農作物の成長を阻害する場合も少なくない。二〇五〇年までに温度が上昇すれば、発展途上地域の農業生産は大幅な減少と価格の大幅な上昇を免れないとしている。

広がる農業用水の不足

単収をあげるカギは化学肥料と水にある。二〇〇八年の農地一ヘクタールあたりの世界の化学肥料消費量は一一〇キロ（日本では三二〇キロ）だが、アフリカでは一六キロと七分の一しかない。

一方で、大規模な水不足が世界各地に広がっている。世界の水の用途は七割が農業用水、二割が工業用水、一割が生活用水だ。つまり、水不足は農業を直撃することを意味する。この半世紀に三倍に増加した水の消費量は、強力な揚水ポンプが普及してきたためにますます増えている。水の不足地帯には膨大な数の井戸が掘られ、地下水が涵養量以上に汲み上げられるようになった。

とくに世界の注目を集めているのが、世界最大の農業国である中国の水不足だ。世界銀行の調査では、中国の華北地方は年間三七〇億トンもの水が不足している。コメを一トン生産するのに必要な水は約三六〇〇トン、小麦やトウモロコシでは二〇〇〇トンとされており、農業用水の不足が今後の穀物生産にひびいてきそうだ。

中国には世界の農地のわずか七%しかないのにもかかわらず、世界人口の二〇%を養っている。政府の発表では、食料自給率九五%を維持し、二〇〇七年の穀物生産量四億四七〇〇万トンを、二〇二〇年には五億四〇〇〇万トンに引き上げる目標を掲げている。だが、工業用水、都市用水とともに需要が大きく伸びており、必要な農業用水をどう確保できるかが、目標達成のカギを握っている。

このような水不足から近年、地下水への依存を深めている。河北省の水文・水資源調査局の調査によると、華北地方中部では、二〇三〇年までに平均で浅層地下水位が一六メートル、深層地下水位が四〇メートル低下すると予測している。

こうした水危機は世界に広がっている。ナイル川を唯一の水源として川沿いのわずか二・五%の土地に九八%の国民が住むエジプトをはじめ、イラン、メキシコなどではすでに社会問題にまで発展している。水の奪い合いも激しくなり、紛争や武力衝突も起きている。イスラエルとシリア、エチオピアとソマリア、モーリタニアとセネガルなどだ。

一〇億人を超えた飢餓人口

ＦＡＯによると、二〇〇九年の世界の栄養不足人口は一〇億二〇〇〇万人に達し、史上初めて一〇億人を超えた。世界人口の六~七人に一人が飢えていることになる。この飢餓人口の九六%が発展途上地域に集中する。このままでは、二〇一五年までに栄養不足人口を四億二〇〇〇万人以下にするという「国連ミレニアム目標」の達成はほぼ不可能である。

世界で毎日約二万五〇〇〇人が、飢餓あるいは飢餓に関連した原因で死亡している。そのうち四分の三は五歳未満の子どもたちだ。これ以外にも、三〇億人あまりの人々がタンパク質、ビタミン類、鉄分、ヨードなどの栄養素が不足している、と世界保健機関（ＷＨＯ）は推定している。

栄養不足人口の分布を地域別にみると、インド二五%、サハラ以南アフリカ二三%、中国二一%などである。経済発展のめざましい中国、インドでこれだけの飢餓人口を抱えているのは、貧富の差が広がっていることをものがたる。東アフリカでは飢餓が深刻化し、すでに二〇〇〇万人近い人々が食料援助で生活している。とくに、「アフリカの角」地域を中心とする東アフリカでは、長引く国内紛争に加えて、干ばつや避難民の急増で食料危機が拡大している。

母親の栄養不足が原因で、世界で年間二〇〇〇万人以上の低体重児が生まれている。彼らは幼児期に死ぬ確率が高いが、生き残っても生涯にわたって身体的、精神的な障害に悩まされる例が少なくない。ＦＡＯはこうした子どもの生涯にわたる生産力と所得の損失は、五〇〇〇億～一兆ドルにも達するとみている。

一方で、世界穀物在庫率は現在、戦後最低水準にまで落ち込んでいる。数字的には現在は戦後最悪の食料危機の状態にある。主要穀物の在庫率は二〇〇〇年ごろから急速に低下し、米国農務省によると、二〇〇七～〇八年には全穀物の年間需要に対する在庫率は一四・七%まで下がった。消費日数にすると五四日分しかない。穀物在庫率が一五%を割り込むと「世界の食料安全保障を脅かす」とされており、これも食料価格の急上昇の理由になっている。

どこへゆく日本の農業

一時は三九%まで下がった日本の食料自給率は四〇%に戻った。だが、穀物自給率(二〇〇三年）の各国比較をみると、食料自給率が判明している一七三カ国・地域のうち、日本は一三五番目という不名誉な順位であることには変わりない。

日本の品目別の自給率を一九六五年と二〇〇五年で比較すると、コメこそ一〇〇％から九五％とわずかな減少だが、小麦は二八％から一三％に、野菜類では一〇〇％から七六％に下がっている。ド・ゴール元フランス大統領は「独立国とは食料を自給できる国のことをいう」といったが、食に関して日本は独立国からほど遠い。

食品が消費者に届くまでに、どれだけの輸送エネルギーが使われているかを示す指標として「フード・マイレージ」がある。食料の輸送量に運搬距離を掛け合わせた数値で、食料の生産地から食卓までの距離が長いほど、輸送にかかる燃料や二酸化炭素の排出量が多くなる。この結果、フード・マイレージの高い国ほど、食料の消費が環境に対して大きな負荷を与えることになる。

農水省の試算によると、日本の総フード・マイレージは二〇〇一年時点で約九〇〇〇億トン・キロメートルと世界最大だ。島国なので輸送距離が長くなるという事情はあるものの、隣国の韓国の二・八倍、日本の二倍以上の人口を持つ米国と比べても三倍になる。

この食料を生産する日本の農業の現場は、「食」の現状以上に危機的状況にある。農業を主にしている農家の就業者の年齢は、五八％が六五歳以上である（二〇〇八年）。一〇年後に、どれだけの農民が田畑で働いているのだろうか。

一九六五年から二〇〇五年までの四〇年の推移を見ると、GDPに占める農業生産は九・〇%から一・〇%へ、つまり農業は産業としては「一%産業」になってしまった。日本の農業生産は年間六兆円で、二三兆円といわれるパチンコ産業にも遠くおよばない。農業就業人口は一二〇〇万人から二五二万人へと五分の一に、総労働人口に占める農業人口の割合は二七%から四%に減った。

この間に、六〇九万ヘクタールあった農地の四割を超える二六〇万ヘクタールもの農地が、耕作放棄や宅地などへの転用によって消滅した。これは現在の水田面積と同じ規模であり、また第二次大戦後に農地改革で旧小作人に解放した一九四万ヘクタールをはるかに上回る規模である。

これらの数字から、将来の日本の農業に希望を見いだすことは困難だろう。ということは、今後とも日本は輸入に頼らざるを得ない。いくら国際分業とはいえ、自国民を飢えさせてまで輸出する国はない。仮に穀物生産でそれぞれ一位と三位の中国かインドで異常気象が発生し、食料の大量輸入に走ったら日本はどうなるのだろう?

file 2

忍び寄る深刻な食料不足の影
農地の奪い合いがはじまった

取引される途上国の農地
1500万ha以上

迫る食料危機

地球にじわじわと食料危機の影が忍び寄っている。すでに六八億人を超えた世界人口は、最新の国連推計では二〇五〇年に九一億五〇〇〇万人まで増える。現在の世界の食料生産は約二一億トンだが、二〇五〇年には三四億トン以上が必要になると、国連食糧農業機関（FAO）は予測している（詳しくは第1章）。

しかし、農地の不足、土壌の悪化、地球温暖化、自然災害などで、この予測通りに増産できない国々が、かなり出てくるとみられている。二〇〇八年、世界的な食料高騰のあおりで、ブラジル、アルゼンチン、ロシアなどの食料生産大国が、次々に食料輸出の禁止や規制を打ち出した。同時に食料暴動も発生し、危機感をつのらせている国は多い。そうした国々が、将来の食料を確保するために自国外で農地をあさりはじめ、ゴールドラッシュならぬ「ランドラッシュ」が国際的に熱を帯びてきた。

狙われているのはアフリカ、ロシアや旧東欧、そしてアジア。狙っているのは、今後の食料需要の急増が見込まれる中国、インド、そして農地が決定的に不足している中東産油国や韓国、北欧などだ。主要国のなかで食料安全保障がもっとも脆弱といわれる日本は、この世界の動きを横目で見ながらおろおろしている状態だ。

発展途上地域での農地あさりは、国際社会から批判を浴びながらも、近年の食料高騰や多発する食料暴動から、背に腹は替えられない国々が走り出したのが現実だ。早ければ二〇～三〇年後にも予想される、深刻な食料危機の前奏曲ともいえる動きである。

農地確保に走りだした中国

ここでも震源地は中国である。地下資源やエネルギー資源の確保のために、中国がアフリカに活発に進出していることはよく知られている。しかし、同時に盛んに農地を買い集めたり借り上げていることは、あまり知られていない。政府が全面的に後押ししていることは、二〇〇九年二月に胡錦濤国家主席がアフリカを訪れたとき、各国との農業支援の協議のなかに農地の獲得交渉も含まれていたことからもうかがえる。

中国がこれまでにアフリカで確保した農地のなかでは、コンゴ民主共和国の二八〇万ヘク

インド系の大企業がリースした土地に広がる茶畑(ウガンダ)

タールが突出している。これは日本の農地の六割にも相当する。これほど広大な土地を提供するのは、外国に世界的にみてもほとんど例がない。
中国はザンビアとも、二〇〇万ヘクタールの農地借用の交渉を進めている。これと並行して農業移民も送り込んでいる。ザンビアには中国人経営の農場が二〇カ所以上あり、河南省や江西省からの農業移民が多いという。首都ルサカで売られる卵や鶏肉の四分の一は中国人が生産しているといわれる。
中国のウェブサイトにも、アフリカへの農業移民の募集や、現地での豊かな生活ぶりが紹介されている。すでに、一〇〇万人を超える中国人農業労働者がアフリカで働いているという推定もある。ただ、中国の存在感が急増するとともに、一部では反中国の動きも表面化している。中国はモザンビークの農地を取得するために八億ドルを提示したが、国民の反発から交渉はまとまらなかった。

欧米の投資ファンドも、中国の対外投資が資源・エネルギー分野から農業分野に拡大しつつあると見ている。急ピッチで進む工業化・都市化によって中国では農地が減少していることも、この背景にある。途上国だけでなく、中国は米国でも五億ドルを投じて広大な養豚場を立ち上げた。また、フィリピンやラオスに約二一〇万ヘクタールを保有しており、中国が全世界で獲得した農地は、明らかになっているだけでも数百万ヘクタールに及ぶ。

クーデターを引き起した韓国

中国に次ぐのは、国土が狭く農地の不足にあえいでいる韓国だ。韓国の食料自給率は四九%で、主要経済国では日本の四〇%についで低い。穀物自給率も二五%(日本は二四%)しかないため、政府は二〇三〇年までに穀物需要の四分の一を、海外に獲得した農地から輸入する方針を打ち出した。そのために、国の財政支援を受けた大企業が、海外の農地獲得に乗り出している。アフリカのスーダンには、すでに六九万ヘクタールの農地を確保している。また、モンゴルの草原に農業団地を造成するために、二七万ヘクタールの農地を借り上げた。

二〇〇八年一一月、英国フィナンシャル・タイムズ紙によるニュースが衝撃を与えた。韓国の財閥系企業グループ「大宇《デーウ》」が、マダガスカルで大規模な食料生産のために広大な農地をリースしたことを伝えたものだ。

調印された契約の内容によると、大宇が九九年間無償で借り上げた農地は一三〇万ヘクタール。二五〇万ヘクタールあるマダガスカルの農地面積の半分以上に相当する。大宇側の発表では「対象となったのは未開発の土地であり、数万人分の地元民を雇用して道路、灌漑、貯蔵施設などのインフラに数十億ドルを投資するので、マダガスカルの利益にもなる」としている。トウモロコシやパーム油を生産して韓国に輸出、余剰が出れば他国にも輸出するという。

マダガスカルは、とくに貧しい後発途上国に属する。国民一人あたりの年間所得は三二〇ドル。七〇％が一日一ドル以下で暮らす貧困ライン以下の生活だ。六〇万人（全人口の三・五％）が海外からの食料援助に頼り、三歳以下の子どもの半分は慢性的な栄養不足状態にある。大宇が生産する食料のうち、どれだけマダガスカルに提供されるかは明らかにされていない。

この計画が発表されるや、国の内外から「新植民地主義」ではないかとする批判が起きた。また、マダガスカル島は世界有数の生物多様性の宝庫だけに、環境団体からも反対の火の手が上がった。二〇〇九年一月以降、この計画を推進するラベロマナナ大統領に退陣を求めるデモが繰り返され、百数十人が死亡する事態に発展した。

そして三月には軍がクーデターを起こし、大統領を退陣に追い込んだ。野党指導者だったラジョエリナ新大統領は「マダガスカルの憲法では、外国企業に土地を売ったり、賃貸したりできない。大宇との合意は取り消された」として、一方的に契約を破棄することを宣言した。

韓国の李明博大統領はとくに熱心で、ロシアの沿海州を例に挙げて三〇～五〇年の長期でリースし、北朝鮮の労働力も活用する方針を明らかにしている。すでに、財閥企業の現代《ヒュンダイ》工業が巨額の投資をして大豆やトウモロコシの生産を開始している。日本商社も現地の農場に出資をする交渉を進めていたが、韓国側がケタ違いの好条件を提示し農場を買収してしまった。

沿海地方は歴史的には中国の清王朝の領土だったが、ロシア帝国の要求に屈して一八六〇年に割譲した。その後、李氏朝鮮の圧制を逃れてきた朝鮮族も定住した。韓国にとって沿海州は同胞の移住地であり、日本統治時代には抗日運動の本拠地だったこともあり、特別の思いを抱いている人は多い。ソ連崩壊後、沿海州からの人口流出は止まらず、年平均約一％の割合で減っている。

石油を農地に

中韓につぐのは、砂漠が広がり農業適地が限られているアラブ産油国である。「オイル（石油）をソイル（農地）に」というスローガンが聞こえてくる。たとえば、サウジアラビアは一九七〇年代以来、年間数十億ドルもの莫大な補助金を投じて、コストを無視した「世界一高価な小麦」を生産してきた。生産量は年二五〇万トンに達し、一九七四年に小麦の自給率一〇〇％を達成した。

灌漑に使われたのは淡水化した海水や、砂漠の地下深くに眠る「化石水」。だが、この利用も限界にきて、二〇〇八年から穀物生産を年一二・五％ずつ減らして、一〇年間で全量を輸入する方針に切り替えた。そのために、二〇〇九年一月に総額五三億ドルの「サウジアラビア農業海外投資基金」を設立して、海外の農地の確保に乗り出した。

これまで、インドネシアで一六〇万ヘクタール、スーダンで一万ヘクタールの借り上げに成功した。いずれもイスラム圏だ。また、サウジの支援を受けた民間企業が、エチオピアで一億ドルを投じて現地資本と合弁会社を設立し、稲の栽培を開始した。この投資額は、国連の対エチオピア食料援助の四年分に相当する。さらに、ザンビア、パキスタン、カンボジア、ウクライナなどとも交渉をはじめた。

アラブ首長国連邦（ＵＡＥ）でも「アブラジュ・キャピタル」という投資ファンドが、パキスタンから五〇万ヘクタールの土地を購入した。また、スーダンとの間で四〇万ヘクタールの土地取引契約が成立しており、エジプトとも小麦栽培で同様の契約を取りつけた。オーストラリア、エジプト、アルジェリア、フィリピンなどとも交渉中である。

他の産油国の動きも急だ。クウェートの投資家連合は二〇〇八年、カンボジアの土地をリースした。カタールも同年に、スーダン国内への農業投資を目的とする共同事業を立ち上げ、リビアはマリから稲作用地として一〇万ヘクタールの土地を借り上げた。

最近になって、旧東欧のウクライナに熱いまなざしが注がれている。日本の約一・六倍ある国土の六八％が農地で、しかも世界でもっとも肥沃なチェルノゼム（黒土）の土壌地帯としても有名だ。ソ連崩壊後、多くの農地が放置されたままになっている。金融危機以後の国家経済は破綻状態にあり、ここに二〇カ国を超える国から農地のリースや売買の話が舞い込んでいる。

リビアは二〇〇九年の首脳会談で、原油の供給と引き替えにウクライナに一〇万ヘクタールの農地を確保した。さらに英国の会社が、東京二三区に相当する六万五〇〇〇ヘクタールの農地を取得した。セルビアの企業も三万ヘクタール確保し、巨大な大豆用サイロを建設した。これに韓国、オランダ、スウェーデン、インドなども加わって激しい農地争奪を繰り広げている。インドは数千人規模の農業労働者を送り込む計画という。

活発化する農地投資

ワシントンの国際的な研究組織、国際食糧政策研究所（ＩＦＰＲＩ）は、ここまで見てきた動きを、食料自給率は低いが資金力のある国が、農業の近代化が遅れている貧困国の政府などと広大な農地の借用や購入の契約を結び、そこからの作物を独占的に輸入する事業が拡大していると分析する。

二〇〇六年以降、途上国全体で合計一五〇〇万〜二〇〇〇万ヘクタールもの農地の買収や借り上げが、外国政府やファンドによって取引や交渉の対象になった。これはEU全体の農地の二割に相当する広大なものだ。IFPRIの試算によれば、こうした取引の総額は二〇〇億〜三〇〇〇億ドルに上り、世界銀行の緊急農業援助総額の一〇倍を超える。

具体例をあげて見てきたように、出資するのは、中国、韓国、アラブ産油国など。一方、囲い込みの対象となる国はアフリカやアジア諸国だ。とくにターゲットになっているアフリカは土地の価格が安く、しかも国有地が多くて政府との交渉だけで手に入る。タンザニアでは、政府が独断で中東の企業に一万ヘクタールの国有農地のリースを決定して、農民を強制的に追い出したとして抗議行動がつづいている。さまざまな情報をまとめると、二〇〇六年以降にスーダン、エチオピア、ザンビアなどの五カ国だけで、二五〇万ヘクタールの農地が海外資本によって買収またはリースされた。

冒頭で述べたように、この新植民地主義的な海外での農地漁りの最大の目的は、「食料確保」である。世界の農地面積は、一九六〇〜二〇〇五年に人口一人あたり〇・五ヘクタールから〇・二三ヘクタールへと半減した。農業生産性が変わらないと仮定すると、二〇五〇年には現在の一・四倍もの農地が必要になる。肉食嗜好の高まりから飼料が増えれば、もっと農地が必要だ。

こうした将来の農地需要に加えて、近年の食料高騰やバイオ燃料需要から新興ヘッジ・ファンドやベンチャー・キャピタルが農地への投資を増やしていることも挙げられる。

だが、確保する農地の対象になっている途上地域は、食料不安を抱えている国が多い。FAOによれば、世界の飢餓人口はほぼ一〇億人に達して史上最大規模になった。とくにアジアやアフリカでは、食料価格が高水準で推移していることもあって増えつづけている。エチオピアでは四六〇万人が飢餓にさらされていると国連は推定する。そうした国々から農地を取得することの是非は、世界的な議論になりつつある。

FAOも、途上国の農地取得と農作物輸出の動きに対する懸念を発表した。また、国際環境開発研究所(IIED)が二〇〇九年に発表した報告書も「食料とエネルギー確保の懸念から海外で農地を買収する動きが活発になり、地元民が土地や農業用水から閉め出される恐れがある」と警告した。二〇〇九年七月にイタリアのラクイラで開かれた主要国首脳会議の首脳宣言でも、農業と食料安全保障が「優先課題」に挙げられ、先進国や新興国が海外の途上国で農地を「収奪」する動きに強い懸念を示した。

日本でも、農水省と外務省が「食料安全保障のための海外投資促進に関する会議」を発足させ「農地争奪」に参戦する構えをみせている。「長期的にひっ迫基調にある食料を国民に安定的に供給するために、官民を挙げて総合的に取り組む必要がある」という。

国内の農地面積は一九六〇〜二〇〇五年に六〇九万ヘクタールから四六〇万ヘクタールへ

と四分の一も減った。国内のいたるところに雑草が茂る休耕地が広がっている。海外での農地を確保する前に、国内の荒れ果てた田畑をどうするかが先決問題であろう。

file 3

アグリビジネスと健康への影響

あなたの体はトウモロコシでできている

頭髪分析で炭素の
50%以上

毛髪でわかる摂取物

人体の九五%は水とタンパク質と脂質からできていると学校で教えられたが、どうも人体の主成分は「トウモロコシ」らしい！

頭髪は人体の一部であり、体内に入ったさまざまな物質を蓄積している。カリフォルニア大学バークレー校のトッド・ドーソン教授は、頭髪中のトウモロコシ由来の炭素を分析することで、どれだけトウモロコシを食べているかを調べている。自分自身の髪の毛の炭素を分析したところ、六九%までがトウモロコシ由来だった。これは米国人の平均値以上である。

ところが、トウモロコシを食べる量が桁違いに少ないイタリアに三カ月間滞在し、帰国後に頭髪を分析したら、わずか一〇%に落ちていた。地域的、時代的な比較はされていないが、現在の米国人の食生活では、トウモロコシが史上もっとも多く食べられていることを示すものだという。日本人についてはデータが少ないが、膨大な輸入量をみると、かなりのトウモロコシ成分が毛髪に溜まっているのではないか。

その仕組みはこうだ。物質を構成する元素には、化学的性質は同じでも質量の異なる原子、つまり同位体が存在する。大気中の酸素は九九・八％までが原子量16だが、原子量17と18の重い同位体が超微量、含まれている。それぞれの食物で含まれる同位体の比率が異なるので、髪の毛にどの同位体が多く含まれるかを調べれば、何を食べたかがわかる。この手法を開発した米国バージニア大学のスティーブン・マッコ教授は「食物の署名」と呼んでいる。

この毛髪分析が有名になったのは、二〇〇七年に米国で、二〇〇九年には日本でも公開された映画『キング・コーン』（監督・製作アーロン・ウルフ）である。二人の大学生が、トウモロコシを通して現代の食料問題を追究する旅に出るストーリーだ。

大量のトウモロコシを食べると、炭素同位体である炭素13が髪の毛に残る。マッコ教授が二人の学生の髪の毛を分析した結果、二人が食べた物はそれぞれ五二％と五八％がトウモロコシ成分だった。この映画を紹介した米国ＡＢＣテレビの人気キャスター、ダイアン・ソーヤーも髪の毛を分析したら、やはり五〇％を超えていたことがわかり、米国で大きな話題になった。

これらの炭素同位体は、トウモロコシとその製品だけではなく、トウモロコシを飼料にし

生産の中心であるコーンベルトでは，見わたすかぎりのトウモロコシ畑が広がる(アメリカ・ミズーリ州)

ている牛や鶏の肉や卵を経由して人体に取り込まれてもいるということだ。肉を多く食べる人の頭髪には窒素15が、水産物を多くとる人は硫黄34の割合が高い。

これまでも頭髪の分析は、水銀やヒ素などの有害重金属をはじめ、農薬などの化学物質による人体汚染の調査(バイオモニター)に使われてきた。残されたナポレオンの頭髪の分析で高濃度のヒ素が検出されて、毒殺説が信憑性を帯びたことはよく知られる。「和歌山のカレー事件」でも、林眞須美被告の毛髪中から高濃度のヒ素が検出され、亜ヒ酸を扱っていた重要な証拠になった。

また、髪の毛に含まれる微量のミ

ネラルを分析することでその摂取状況がわかり、食生活までも推測できる。髪の毛を送れば、体内のミネラル類のバランスや健康をチェックしてくれる会社もある。

健康診断の手段としても毛髪分析に関心が高まったのは、一九七七年に米国で公表された「マクガバン報告書」以後のことだ。当時の米国では死亡原因の一位が心臓病で、二位ががんだった。この巨額の医療費負担で医療制度は危機的状態に陥った。その医療改革の一環として、上院に「国民の栄養問題特別委員会」(マクガバン委員長)が設置され、七年間かけて世界的規模の調査・研究が実施された。その成果が五〇〇〇ページに及ぶ報告書になった。

報告書の結論は「多くの慢性的疾患は肉食中心の誤った食生活がもたらしたものであり、この事実を受け入れて食生活を改善する必要がある」というものだった。「肉を多く食べる米国式食生活は結腸がん・膵臓《すいぞう》がん・乳がん・前立腺がんなどになる可能性を高める」として、病気と脂肪・タンパク摂取量との相関を警告し、最終的に七項目の改善の指針が発表された。具体的には、肉・乳製品・卵などの高カロリー・高脂肪の動物性食品を減らし、できるだけ穀物や野菜、果物を多くとるように勧めたものだ。

委員会は日本にも調査団を送り、伝統的な日本の食生活こそが「理想の食事」であると結論づけた。つまり、コメを主食とし季節の野菜や海草や魚介類を多くとる食事だ。その後日本の平均寿命は延びつづけ、日本の食生活が脚光を浴びて和食が世界に普及するきっかけにもなった。近年はファーストフードやコンビニ食品の急増で、この日本神話も怪しくなってきたが……。

一九九〇年代以来、分析技術の進歩とともに、髪の毛による食生活の分析はさまざまな分野に応用されるようになった。とくに近年は考古学にも取り入れられている。チリのアタカマ砂漠で発掘された、九〇〇〇年前のチンチョロ遺跡で発掘されたミイラの頭髪の分析では、食べ物の九五%までが海産物で、穀類中心と考えられていたこれまでの常識をくつがえした。約四〇〇〇年前のエジプト中王朝の高僧のミイラでは、食事が肉食に偏っていたことが判明した。一九九一年にアルプスの氷河で発見された五三〇〇年前のアイスマンは、弓矢を持っていたことからハンターと思われたが、食事の内容は菜食主義者そのものだった。

身辺を埋め尽くすトウモロコシ

現在、トウモロコシは小麦に次いで世界で二番目に多く収穫される穀物だ。とくに、近年は家畜の飼料として急激に普及している。二〇〇七年には世界で七億九〇〇〇万トンが生産され、そのうちの四割以上を米国が占める。米国のトウモロコシの栽培面積は、ほぼ日本の面積に匹敵する。

米国の生産の中心は中西部に広がるコーンベルト。ハイブリッド品種(両親双方の形質を併せもつ一代雑種)と大規模機械化による大量生産と、生産農家に対する政府の手厚い補助金がこの生産を支えている。

輸出量も米国が世界の六割を占める。日本は世界一のトウモロコシ輸入国で、年間約一七〇〇万トンを輸入して、世界の二割を占める。その九割が米国からの輸入だ。日本国内のコメ生産量が年間約九〇〇万トンだから、いかに大量に輸入しているかがわかる。その七五%までが家畜の飼料用だ。

世界中で生産されるトウモロコシの六〇%以上は家畜の飼料となり、人間の食用となるのは二〇%以下にすぎない。残りは驚くほどさまざまな用途に使われ、身の回りの加工食品で入っていないものを探すのがむずかしいぐらいだ。とくに、ファーストフードのほとんどにトウモロコシやそれを飼料にした畜産品が含まれる。

映画『キング・コーン』では、二人の大学生がトウモロコシ産業の実態を知るために、国内最大の生産地であるアイオワ州の農家に移り住む。遺伝子が組み換えられた種子や強力な農薬を使うことによって、農業の素人ながら驚くほど簡単にトウモロコシが育つことがわかった。そして二人は、収穫したトウモロコシの行方を追跡する旅に出る。その旅から、化学肥料や農薬、遺伝子組み換え、政府の補助金、そして健康問題など、現代の食料の実態が明らかにされていく。

生産過剰のトウモロコシでは利益があがらず、大資本や金融資本をバックにした大規模農業経営(アグリビジネス)が、かつての家族経営に取って代わった。アグリビジネスは、大量輸出やバイオエタノールへの原料供給で世界のトウモロコシ市場を制覇した。

一方で、自営農家はどんどん崩壊している。ブッシュ前政権(二〇〇一～〇九年)がバイオエタノールに多額の補助金をつぎ込んだのは、このような農村救済の意味合いが大きかった。映画のなかで、二人が農家の人に「自分たちのつくったコーンは食べる?」と聞くと、夫婦が期せずして「NO!」という場面が印象的だ。

不健康な食生活

牧草で育つ牛は、消化の悪い草を食べるために胃袋が四つに分かれていて、胃に入った食べ物を口へと戻して再びかみ砕き、大量の胃酸を分泌することで吸収しやすくしている。しかし、トウモロコシはでんぷん質が多くて消化がよいため、牛は効率よく吸収できる。そのため胃酸過多になって胃に穴が開き、感染症で死亡する牛が増える。その予防のために、牛には抗生物質などの薬が大量に与えられる。

安価なトウモロコシ飼料を食べさせて狭い畜舎で過密飼育するために、広い放牧地は不要になり、肉のコストが下がる。欧米や日本では、相対的な価格では今や史上もっとも安く肉が食べられる時代になった。チェーン店のハンバーガーや牛丼が驚くほど安い理由でもある。三十余年前のマクガバン報告書に逆行するように、食肉の消費が増えているのだ。

だが、トウモロコシの氾濫は牛だけでなく人間の健康にも問題を投げかけている。トウモロコシのおかげで、米国民は安くて不健康な食生活が約束された。砂糖に代わってトウモロコシ原料のシロップが急激に生産量を増やしている。一九六〇年の対キューバ経済封鎖開始以前には、キューバから大量に砂糖を輸入していたが、その後は輸入を禁止した。

一方で、国内の生産者を補助金や関税などで手厚く保護してきた。そのために米国の砂糖価格は高く、低価格のトウモロコシ原料のコーンシロップの生産が、急速に伸びてきた。これが砂糖の代替品となって、清涼飲料水などさまざまな食品を生み出した。

果糖を多く含んだこのシロップが何にでも添加されるようになって、「四人に三人が肥満」という米国の深刻な問題をつくり出す一因になったといわれる。オーガニック派のオバマ大統領夫人ミッシェルさんは「コーンシロップ入りの食品は絶対に娘たちには与えない」と宣言し、コーンシロップ入りの菓子や飲料をホワイトハウスから追放した。コーンシロップを使わないことを売り物にした、レストランチェーンも現われた。

トウモロコシは、アグリビジネスの飽くなき利潤追求によって生産量が増え、あまったトウモロコシを消費するために、食品から工業製品、代替ガソリンまでを市場にあふれさせた。その無理な増産がたたって農地の荒廃が進んでいる。トウモロコシ食品による健康の悪化とともに、本格的な影響が現われるのはこれからである。

file 4

食料との競合をどうするか

バイオ燃料狂想曲の教訓

食料価格上昇幅の約**7**割に影響

本当にカーボンニュートラルか？

あれだけ大騒ぎしたバイオ燃料は、ブームの引き金となった原油価格が落ち着きを取り戻すとともに熱も冷めてきた。「畑で自前のガソリンがつくれる」「化石燃料に代わる地球にやさしい燃料」ともてはやされたが、化けの皮も少しずつはがれてきた。本当に、地球にやさしいのだろうか。

バイオ燃料の原料はバイオマス（生物起源の物質の総称）である。バイオエタノールの原料は圧倒的にトウモロコシとサトウキビ、バイオディーゼルはナタネ油やパーム油などの食用油からつくられる。

これらのバイオ燃料は、京都議定書では「炭素中立的」（カーボンニュートラル）として温室効果ガスから除外された。植物は大気中のCO_2（二酸化炭素）を吸収して成長するために、バイオ燃料を燃やしたときに排出されるCO_2と、成長過程で吸収した大気中のCO_2とが相殺されるという解釈だ。

この理屈に丸め込まれて、化石燃料をバイオ燃料で代替すれば、その分のCO_2が削減できるという誤解が広がってきた。バイオマス燃料の利用促進のために二〇〇二年に閣議決定された「バイオマス・ニッポン総合戦略」では、バイオ燃料による原油の節減を目的に掲げている。

しかし、バイオ燃料の原料作物の栽培、収穫、輸送、精製などの過程ではCO_2が排出される。先進地域の農業は、一キロカロリーの作物をつくるのに一〇キロカロリー相当の石油を投入するほど「石油漬け」だ。このなかに肥料、殺虫剤、ビニールシート、農業機械燃料など、石油製品が数多く含まれている。

「一リットルのバイオエタノールをつくるのに、一リットルの化石燃料を消費する」という批判も絶えない。楽観的に見ても、バイオエタノールと投入する化石燃料の差し引きのエネルギー量は、せいぜい一〇～二〇％しか「プラス」にならない。炭素中立的どころかむしろCO_2の排出を増やしているという試算も、日米など各国の研究者から発表されている。

光合成によって植物のからだになった炭素は、枯れ葉、枯れ枝となって地表へ堆積して土壌を形成し、その後、少しずつ分解されてCO_2として大気へ戻っていく。バイオマス起源

ブラジル各地で巨大なバイオエタノール工場が目立つようになった(南マトグロッソ州ナビライ/渡部直人氏撮影)

のCO_2は土壌として堆積することなく、燃焼によって速やかに大気中に放出されるため、CO_2の放出という意味では石油と変わらない。

また、食料生産と競合しない形でバイオ燃料を生産しようとすると、新たに森林や草地を開墾して農地に転換するしかない。森林の消失はCO_2の吸収源を減らし、樹木や土壌に蓄積されている炭素を放出し、大気中のCO_2の増加につながる。

進む森林伐採

ブラジルでは、砂糖生産の半分を燃料エタノールに転換している。世界の砂糖生産の一〇%がエタノールになっただけで、砂糖価格は二倍に高騰した。サトウキビの栽培面積を増やすために、アマゾンでは熱帯雨林やセラード（サバンナ）の開墾が急ピッチで進む。

現在の速さでアマゾンの森林伐採が進めば、二〇五〇年までにアマゾンの熱帯雨林の六割近い二〇〇万平方キロメートルが消失する恐れがあると、森林保護のNGOは主張する。ブラジル農業省は二〇〇八年七月、ブラジル、パラグアイ、ボリビア三国にまたがる広大なパンタナル湿地のサトウキビ畑への転換を禁止すると発表した。ここは生物多様性の宝庫で、その開発に世界中から非難が殺到していた。

インドネシアでも、バイオディーゼルの原料となるパーム油の需要が増加して、熱帯林を焼いてパームヤシ（油ヤシ）の作付けが急増している。パームヤシのCO_2吸収力は森林に比べてはるかに低いために、これも温暖化の一因になる。

インドネシアのパーム油生産量（二〇〇九年）は、隣国マレーシアについで世界第二位。既存のパームヤシ農園面積の約五倍に相当する二〇〇〇万ヘクタールが、今後の栽培用地としてすでに割り当てられた。パーム油は古くから食用油、石けんなどに利用されてきたが、インドネシア政府は収穫量の四〇%をバイオ燃料に振り向ける方針だ。

インドネシア政府は、パーム油生産量の世界一の座を取り戻そうと、スマトラ、カリマンタン島でのプランテーション開発を進めている。国際環境保護団体グリーンピースは二〇〇七年、首都ジャカルタでパームヤシ農園の開発を認可した森林省に抗議デモをかけ、スマトラ島のドゥマイ港から出港するパーム油を積んだタンカーを彼らのキャンペーン船「虹の戦士号」で妨害した。

インドネシアの森林には泥炭湿地林が多く存在する。水に浸かった植物の枯れ木や落ち葉はゆるやかに分解され、数千年かけて厚い泥炭層が形成される。農地を拓くために森林が伐採され排水されると、泥炭地は日光にさらされ、乾燥してスポンジのようになり引火しやすくなる。

泥炭湿地林の急激な破壊とともに、近年になって森林火災が毎年のように発生している。乾燥した厚い泥炭層に火がつくと、何カ月、ときには何年も燃え続ける。これも短期間でCO_2の増加を招く。

インドネシアの泥炭湿地は、総面積が日本の森林面積を上回る約二二五〇万ヘクタールもあり、世界の化石燃料の消費量にして、一〇〇年分に相当するといわれる炭素が蓄積されている。泥炭層を農地に転換すると、乾燥して分解され大量のCO_2を放出する。オランダに本部を置く国際湿地保全連合によると、インドネシアの泥炭地を起源とするCO_2排出量は年間約二〇億トンと推定され、うち六億トンは乾燥した泥炭の分解、一四億トンは火災から生じるという。

CO_2排出量の国別ランクでは、インドネシアは世界で二一番目だが、泥炭地からの排出量を含めると、中国、米国に次いで世界第三位となり日本を上回る。泥炭湿地林が本格的に開発されれば、京都議定書による温室効果ガスの排出削減分を簡単に帳消しにしてしまいそうだ。

各国の政治的思惑

森林や草地を農地に転換した場合、植物や土壌から放出されるCO_2の量は、その農地から得られたバイオ燃料がもたらす年間CO_2削減量の一七倍以上にのぼる。国連食糧農業機関(FAO)は、森林から農地に転換される面積は二〇一五年には現在の約三倍、二〇三〇年には約六倍に拡大すると推定している。この森林の消失で二〇一五年までに失われるCO_2の吸収量を、バイオエタノールによる化石燃料のCO_2削減効果で相殺するためには、楽観的に見ても四〇〜七五年かかるともいわれる。

確かに、日本で考えられているように、間伐材や廃材などのセルロースを原料とすれば、食料と競合する心配はない。だが、問題は生産コストが高いことで、米国のシンクタンクの試算では、バイオエタノールを一ガロン生産するのに、トウモロコシなら一・三ドルだが、セルロースが原料の場合には二・六ドルかかる。現状では生産コストはガソリンの二〜三倍になり、経済的には太刀打ちできない。セルロース系原料からバイオ燃料を量産するには、セルロースを効率よく分解して、でんぷんにする微生物の発見がカギをにぎる。

バイオ燃料は、アラブ産油国への石油への依存度を減らすエネルギー安全保障上の効果や、将来の原油高に備える意味はあるかもしれない。だが、まだコストが高く石油と競争するのは難しい。また、バイオ燃料にはさまざまな政治的思惑が絡み合って、補助金、高関税、税優遇などによって保護されているので、原価計算そのものも難しい。

米国議会は二〇〇八年六月、バイオ燃料の普及を促進するために七五〇〇万ドルを拠出する法案を可決した。バイオ燃料工場の建設費に対して三〇%まで、補助や融資保証をする手厚いものだ。米国のトウモロコシや小麦が原料の場合は、政府の補助金で成り立っていることをものがたる。また、木材、農業廃棄物などの非食用原料から生産されるバイオ燃料には一ガロンあたり一・〇一ドルの税控除を決めた。

現在のところ、ガソリンと価格的に対抗できるのは、広大な農地と安い労働力に恵まれたブラジル産サトウキビぐらいだ。日本でもバイオエタノールへの期待から、沖縄本島や宮古島でサトウキビ農家が活況を呈しているが、それも高率の関税や補助金によって保護されているからにすぎない。

ディーゼル車が普及しているヨーロッパでは、バイオディーゼルの生産量が大きい。年間約一六億ガロン生産されるバイオ燃料のうち、八億五八〇〇万ガロンはドイツとフランスの植物油から生産されるバイオディーゼルだ。マーガリン製造者は、原料のナタネ油が政府の手厚い補助を受けるバイオディーゼルに奪われたとして、欧州議会に補助の削減を求めている。

冷静さを欠く政策が招いた混乱

二〇〇六年一月から二〇〇八年の夏にかけて、小麦、トウモロコシ、大豆の市場価格が最大で三倍前後まで跳ね上がった。これらの穀物を原料とした加工食品も、これらを飼料としている畜産品などの価格も一緒に上昇した。

また、トウモロコシなどへの転作が進行したため、それまで栽培されていた各種農作物の収穫量が減少し、バイオ燃料の原料とならない農作物の価格までも上昇させる結果となった。例えば、ブラジルではオレンジ畑をサトウキビ畑に転換したため、オレンジジュースの価格が上昇した。

食料高騰は貧しい国々で飢餓を広げている。FAOによると、二〇〇七年末から二〇〇八年末までに世界各地で食料暴動が発生した（第1章参照）。インドネシア、エジプト、ソマリア、メキシコなどでは、デモと警官隊の衝突で多くの死者を出した。

世界銀行の首席エコノミストであるドナルド・ミッチェル氏は、二〇〇二年一月から二〇〇八年六月にかけての食料価格の上昇幅一四〇％のうち、約七割がバイオ燃料の影響で値上がりしたと試算している。バイオ燃料の原料に回されたために穀物在庫が減少、これに転作、投機、食料生産国による輸出制限が重なって価格の高騰を招いたというのだ。食料・飼料価格の高騰の結果、加工食品や畜産品も大幅に値上がりした。

食料高騰の批判にさらされていた米ブッシュ前政権は、上昇は二〜三％にすぎないと主張したが、国際食糧政策研究所（ＩＦＰＲＩ）はそれを大きく上回る最大三〇％という試算を発表した。さらに、二〇一三〜一七年には植物油で一九％、トウモロコシで七％、小麦で五％の価格上昇が起こるとの見通しを示し、米国やＥＵにおける最近のバイオ燃料導入政策の強化を考慮すれば、物価はさらに上昇するとした。

バイオ燃料の増産には広大な農地が必要である。国際エネルギー機関（ＩＥＡ）は、二〇〇四年時点で、バイオ燃料の生産のために世界の耕作地の約一％に相当する一四〇〇万ヘクタールの土地が使われたと推定している。だが、これだけの問題を抱えながら強引に普及を推し進めても、バイオエタノールは救世主にはなりえない。米国ですべての穀物をバイオエタノール原料にしても、自動車燃料の一六％をまかなうのが精一杯だからだ。

file 5

豚も鳥も背景は同じ

畜産革命と新型インフルエンザ

世界で飼われている鶏
約180億羽

野鳥が運ぶインフルエンザ

米国野生動物保全学会の報告書によると、現在知られている一四一五種の感染症のうち、六〇％以上が動物と人間の双方に感染力をもっているという。一万年以上にわたって動物と密接な関係を持ちつづけてきたことで、人間は犬と六五種類、牛と五五種類、羊と四六種類、そして豚とも四二種類の病気を共有している。

たとえば、天然痘はウシの伝染病症である牛痘にきわめて近く、ハシカも犬のジステンパーと類縁関係にある。結核やジフテリアは牛の病気が起源と考えられている。普通のカゼは馬に由来する。ハンセン病はもともと水牛の病気だった。

世界中で恐れられている新型インフルエンザも、人と鳥と豚に共通する感染症だ。二〇世紀に入ってインフルエンザの大発生は三回あった。最初は一九一八〜一九年の「スペインかぜ」で、全人類の半数がかかり、二〇〇〇万〜四〇〇〇万人が死亡したといわれる。これには、インドやアフリカなどの発展途上地域が含まれていなかったので、死者は八〇〇〇万〜一億人にのぼるという説もある。日本でも三八万人が犠牲になった。二回目は一九五七年の「アジアかぜ」で約一〇〇万人が死亡、最後は一九六八〜六九年の「香港かぜ」で約七五万人の命を奪った。

二〇〇九〜一〇年の冬には、新顔の「豚インフルエンザ」が流行した。少し前まで、世界的な大流行が恐れられていたのは「鳥インフルエンザ」だった。ともに「新型」と呼ばれて混乱をきたしているので、整理しておこう。

インフルエンザは「カゼ」と呼ばれることもあるが、まったく別物である。毎年のように発生する「季節性」と、何十年かの間隔で大発生する症状の重い「新型」とに分けられる。とくに、急性で致死率の高いものは「高病原性」と呼ばれる。

原因になるウイルスはもともと鳥類特有のもので、九〇種以上の鳥類でウイルスが見つかっている。このウイルスは、はるか昔から野鳥と共生してきたため、宿主となる野鳥の多くはウイルスに感染しても発症しない。そのウイルスをもったカモやガンがシベリアやカナダ、アラスカなどから渡り鳥として南に渡ってくる。

渡ってきたカモが狭い池や鶏小屋周辺で排せつすると、もともとカモから家畜化されたア

中国四川省で鳥インフルエンザの予防のため鶏舎を消毒する医療関係者

ヒルに感染し、さらに鶏や豚にうつる。そのなかから、突然変異で人に感染するものが出現する。過去のインフルエンザ大流行のときも、人とアヒルと豚が同じ場所で暮らす中国南部の農村地帯が発源地と疑われることが多かった。

処分された二億羽の鶏

豚は鳥型とヒト型の両方のウイルスにかかり、豚の体内で両ウイルスの遺伝子の組み換えが起きる。ほとんどの場合は無害だが、ときとして強い病原性をもった新型ウイルスが生まれ、人に感染すると世界的流行病(パンデミック)に発展する。

ウイルスが気道粘膜に取り付くと

猛スピードで増殖し、感染者の一人がセキやクシャミをしても、人間がひしめく都会では多数の人がそのウイルスを浴びることになる。インフルエンザの潜伏期は非常に短く、短期間で流行を広げることができる。つまり、過密化する都市の環境に適応するように進化してきたのだ。

「季節性」と異なってこのウイルスはひんぱんに遺伝子を組み換え、理論上は一三五種のパターンが存在する。やっとワクチンが完成したころには遺伝子が変わっていて、予防がむずかしい。

鳥インフルエンザは、一九九七年に香港に現われて子どもを死亡させて以来、世界に広がっていった。この感染経路は野鳥からではなく、鶏を経由したと考えられている。このために、一羽でも感染した養鶏場は、すべての鶏が大量処分の対象になった。これまで世界で二億羽を超える鶏が処分された。

鶏はつねに人間と接触しているために、人に感染させる機会は多い。これまでの発生頻度と経験からみると、鳥インフルエンザ・ウイルスが変異を起こして「鶏から人へ」だけでなく「人から人へ」と伝染する事態になれば、世界規模でインフルエンザの「感染爆発」が予想される。

その場合、最悪の場合には世界で一五億人が重症となり、五億人が死亡する可能性があると世界保健機関（WHO）は発表している。厚生労働省の検討会資料の予測によると、鳥インフルエンザが流行すれば、世界で三〇億人が感染し、六〇〇〇万人が死亡するという。このWHOの発表で、各国政府はあわてて緊急対策を作成した。だが幸いなことに、二〇〇九年三月三〇日現在、一五カ国で感染症は四一三人、死者は約二五六人にとどまっている。

背景に畜産革命

そこに、二〇〇九年四月に別の遺伝子をもった「豚インフルエンザ」が、新たにメキシコに出現して短時間で全世界に拡大した。WHOは六月一二日にパンデミックの段階に入ったと宣言した。この名称が豚肉から感染するという誤解を招いたために、「新型インフルエンザ」と呼ばれる。

WHOによると、世界で確認された二〇一〇年一月末の死者数は、一万五〇〇〇人の大台にのった。米州地域が少なくとも七二六一人、欧州が三六〇五人、日本が属する西太平洋地域が一六五三人などの順に多い。日本では政府の発表によれば、二〇一〇年二月末現在、感染者は約二〇〇〇万人で、死者は一九七人。

豚のあいだで流行していたウイルスが、農場などで豚から人に直接感染することで流行が広がったと発表されたが、遺伝子を調べると実態はもっと複雑だった。もともとの宿主は鳥だが、かなり前から豚に定着していた「北米型」と、一九七九年ごろに鳥から豚に感染した「旧世界型」の二種のウイルス遺伝子が混ざり合って、今回の「新型」を生み出したことがわかってきた。

日本をはじめ主要国では新規発病者が減ってきて、ほぼ流行のピークを過ぎたとみられ、WHOも二〇一〇年二月に、北半球でのウイルスの活動は最悪期を脱したと発表した。しかし、一九一八年に発生した「スペインかぜ」の場合には、二年目の流行でウイルスがさらに毒性を高め、一年目よりも多くの死者を出した。このまま収束するか来年に再登場するのか、予断は許さない状況だ。

アジアではこの十数年、「畜産革命」と呼ばれるほど家畜の生産が急拡大している。国連食糧農業機関（FAO）によると、世界で飼われている鶏は過去二〇年でほぼ二倍になり、約一八〇億羽（二〇〇七年）。このうち二五％が中国で、アジア全体では四二％が飼われている。ニワトリの語源は「庭の鶏《とり》」だという。だが、最近では農家の庭先で飼う小規模養鶏は減り、数万羽から数十万羽もまとめて飼う工場式養鶏が急激に普及してきた。自然光や外気を遮断した閉鎖式の鶏舎で、身動きできないほど多数の鶏を狭いケージに詰め込む。

遺伝子組み換えトウモロコシと抗生物質入りのエサを与えられ、むりやり太らされる。一カ月半も飼われるとコンベアーで運ばれ、機械で食肉処理されていく。ファーストフード用やスーパーの安いブロイラーは、こうして「生産」される。もはや、大量生産で低コストを競う「工業製品」である。

中国には巨大な工場型鶏舎が一万五〇〇〇カ所もある。その一方で、中国や東南アジアなどでは市場で生きた鶏を売買するのが普通だ。両足をしばった生きた鶏をぶら下げて買い物している姿はよくみかける。大量のウイルスを含む鶏の乾燥したフンを、人が吸い込む危険性は十分にある。

豚も世界で九億二〇〇〇万頭が飼われ、この二〇年間で約一億頭が増えた。実は豚の飼育現場も鶏と変わらない。最初にメキシコで「新型インフルエンザ」が現われたのは、世界最大の養豚会社である米国の会社が経営する、巨大養豚場が発生源だったとみられている。ここで年間一〇〇万頭近い豚が生産されている。その高密度飼育と不潔さで悪名高い養豚場である。

狭い豚舎では過密状態で飼育されるため、もともとストレスに弱い豚は病気にかかりやすくなる。その予防のために飼料に抗生物質や精神安定剤を加える。その結果、抗生物質に耐性をもつ新たな病原体が現われる。

爆発的な中国の畜産業

この三〇年間、世界的に食肉の消費が増加して、鶏肉の消費量は七倍にもなった。食肉消費量は所得に正比例する。この需要に応えるために畜産業の工業化、高密度飼育が進み、食肉市場がグローバル化して取引が世界的に広がってきた。畜産の工業化は生産コストを下げ、食肉の大衆化には大きく貢献したが、この陰で危険な感染症の温床になっていたのだ。

ここでも中国が大きな役割を演じていて、世界の養豚数の四六％（二〇〇七年）を占める。豚肉は中国ではもっとも需要の大きな食肉であり、驚異的な経済成長を背景に消費量はこの一〇年で倍増して、いまや世界最大の生産国にのし上がった。

貧しい農村に収入をもたらした功績は大きい。だが、これだけ巨大化すると、餌のトウモロコシの確保から糞尿の処理まで新たな問題を抱え込んだ。世界の穀物生産量の約三分の一が栄養価の高い配合飼料の生産にまわされて食料を圧迫し、世界の水資源の八％が家畜の飲料となって農業用水と競合しているからだ。中国は日本とならんで飼料用穀物の輸入が多い。

中国の畜産業は毎年二七億トンの糞尿を排出する。これは中国の工業部門から出る固形廃棄物の約三・五倍に相当する。淡水域を汚染している窒素とリン化合物の三分の一は畜産起源であり、畜産排水が河川を通って海に流入し、南シナ海の広域汚染の原因にもなっている。エチゼンクラゲの大発生などにみられるように、汚染流入による富栄養化は海洋生態系の破壊の最大の原因だ。

国連によると、世界の温室効果ガス排出量のうち、一八％は牛のゲップなど畜産業に由来すると推定される。これは交通機関から排出される全温室効果ガスの量とあまり変らない。中国は最近、米国を抜いて世界最大の二酸化炭素排出国となった。家畜による排出量が今後も増えつづけることは、避けられそうにない。

file 6

諸外国による〝乱獲と汚染〟のツケ？

なぜソマリアで海賊が暴れるのか

世界の海賊事件の
2分の1以上

二〇年間続いた無政府状態

海賊の被害の急増で有名になったソマリアはアフリカ大陸の東北端にあり、インド洋に突き出した国の形状から「アフリカの角」とも呼ばれる。イタリアとイギリスの植民地だったが、一九六〇年に独立した。だが、六つの氏族に分かれていて、独立直後から今日まで覇権をめぐる抗争が続いている。

三つ巴の内戦の末、中部ソマリアの最大勢力、アイディード将軍が一九九一年に首都のモガディシオを制圧する。しかし、今度は派内で内部抗争が発生して、新たな内戦が全土に拡大。ソマリアは無政府状態に突入した。それぞれの勢力は、機関銃、大砲、戦車、装甲車まで保有する数百人から数千人の規模の民兵を抱えている。

彼らは武装強盗となって略奪を繰り返した。このために飢餓が広がって、餓死者や殺害された者は三〇万人を超え、対岸のイエメンや隣国のケニアに脱出する難民も急増した。国連、赤十字、ＮＧＯが一九九二年から食料援助を始めたが、武装勢力に援助物資を略奪され、ＮＧＯの活動家が殺されて支援活動どころではなくなった。

国連安保理は初の「人道目的のＰＫＦ活動」を決定、米国が主力となる多国籍軍がソマリアで「希望回復作戦」を展開した。一時的に秩序が回復したが、一九九三年四月に米国軍が撤退すると同時に、アイディード将軍は再び勢力を盛り返した。

事態を打開するため、同年八月に米軍の精鋭部隊約一〇〇人が首都モガディシオの敵陣の真っただ中へ乗り込んだ。当初の作戦では将軍派の幹部らを捕らえるはずだったが、三週間の予定が六週間を過ぎても任務は終わらなかった。それどころか、作戦中に民兵のロケット砲攻撃で、二機のヘリが敵地のど真ん中で撃墜された。二〇〇二年に公開された米国映画『ブラックホーク・ダウン』はこの事件のドキュメンタリー・ドラマである。

ヘリのパイロットの死体が裸にされて市内を引きずり回され、この映像が世界に流された。米国の世論が激高し、クリントン政権はソマリアからの米軍の撤退という屈辱的な決定を下した。結局、この作戦では一八人の米軍兵士と一人のマレーシア兵士が死亡した。

この苦い経験がその後の米国のトラウマとなり、一九九四年に一〇〇万人以上が惨殺されたルワンダ内戦に軍を出動させなかった。アイディード将軍は一九九六年、対立派との戦闘

ソマリア沿岸をパトロールする沿岸警備隊

中に銃弾を受けて死亡した。米紙の報道によると、CIA（米中央情報局）が関与していたという。

ソマリアは依然として混乱の極にある。隣国エチオピアが後ろ盾になる「暫定連邦政府」と、さらにその隣国エリトリアが支援する「イスラム法廷会議」という二大勢力の戦闘が絶えない。一人あたりのGDP（国内総生産）は六〇〇ドルほどで福祉制度や医療体制が大きく立ち後れ、平均寿命は四九歳と短い。国民の半数は飢餓状態で、子どもの四人に一人は五歳までに死亡する。

身代金で潤う地元経済

海賊が出没する紅海からアデン湾

にかけては、五つの海賊集団が出没し、約一〇〇〇人の武装メンバーが活動している。海を熟知し、船の操縦ができる元漁民がリーダーになり、火器の扱いに慣れている民兵が襲撃を担当、GPS(全地球測位システム)などを使える元船員らが操船を担当しているという。武器はイエメンなどからも調達するが、内戦が続いているだけにソマリア国内で簡単に手に入る。

船外機を付けただけの小型のグラスファイバー船をロケットランチャーなどの重火器で武装、標的に近づくや縄ばしごを甲板に投げ入れるなどして乗り込む。「自分らの漁場を荒らされた」ことを大義名分にして身代金を要求する。身代金額は五〇万ドルから二〇〇万ドルに及ぶこともある。

二〇一〇年一月に解放されたギリシア船籍の大型石油タンカー「マラン・センタウルス号」は、過去最高額とみられる五五〇万ドルの身代金を支払ったと報じられている。船会社からの身代金は米ドル紙幣を指定して、ヘリコプターから包みに入れて指定した地点に投下するか、防水スーツケースに入れて小舟で流す、などの方法がとられる。

海賊たちに政治的要求や宗教的動機は見られず、身代金を取ることだけが目的である。人質に対しての暴力や虐待などはほとんどない。人質の生命を保証し、食事はもちろん、たばこや酒などの嗜好品も与えられている。

インド洋に面したエイルなどの港町では拿捕された船が停泊し、地元住民は海賊関連ビジネスの恩恵にあずかっている。海賊と船会社などの間に入って人質解放や身代金交渉を行なう警備会社、海賊被害に対して交渉費用や身代金などを扱う保険会社もオフィスを構えた。さらに、人質への食事などの面倒をみる各種のサービス業もあるといわれる。

ロイター通信社が伝えたニュースでは、海賊に投資して身代金報酬の分配を受ける投資市場まであるという。ある未亡人は、海賊が手榴弾を購入する資金を投資して、身代金の分配として七万五〇〇〇ドルを受け取ったと伝えている。海賊らは身代金で豪邸を建て、その暮らしぶりは現地の憧れになっている。

スエズ運河からインド洋を往来する年間約二万隻の商船にとっては、恐怖の航路である。海賊は二〇〇五年に入って多発するようになり、二〇〇七年以後はその被害範囲もソマリア沖七〇〇キロメートルくらいまでに広がってきた。現在では、世界で一年間に発生する海賊事件の半数以上がこの海域に集中する。

国際海事局(IMB)によると、二〇〇九年にソマリア周辺海域で起きた海賊事件は二一七件で、前年に比べて二倍近く増えた。四九隻が乗っ取られ、八六七人の乗組員が人質になった。日本が関係する船舶も一隻が発砲を受け、世界全体では人質は前年比で一・二倍の一〇五二人になった。日本は船舶護衛のため、二〇〇九年三月に海上自衛隊を現地に派遣した。

海賊は国際社会の負担になっている。船舶の保険料率の引き上げやソマリア海域を通過する船舶への船員の乗り組み拒否などが起きて、海運業界にも大きな影響が出ている。また、欧州からソマリア沖までフリーゲート艦一隻を一カ月間派遣するのに約一三〇万ドルもかかり、警備に参加している欧州では、派遣費用の問題から作戦の継続に疑問の声がでている。

外国漁船の乱獲と有害廃棄物

三三〇〇キロメートルもあるソマリアの海岸線は、アフリカで最長だ。この海域は、マグロ、エビ、サメなどの豊かな漁場でもある。かつては漁業を育てるために、日本やデンマーク、英国、スウェーデンなどの欧州各国が、ソマリアの漁港を整備して漁船を援助したこともある。そのときに供与されたグラスファイバー製漁船も、海賊船に使われている。

だが、ソマリアが無政府状態であることをいいことに、沿岸を支配する勢力が勝手に、外国の水産会社へ「漁業権」の切り売りを始めた。むろん、違法である。スペインなどのEUの大型漁船団が、ソマリアの二〇〇カイリ経済水域内に入り込んでトロール漁で乱獲した。そのマグロは日本にも輸出された。

さらに、台湾、中国、韓国、タイ、ケニアなどの漁船も、荒らし回っている。これらの外国漁船は年間七〇〇～一〇〇〇隻にも及び、漁業高は一億～三億ドルに上ると推定される。ソマリアの漁業専門家は、外国の漁船団の漁り火で「ソマリア近海の夜はニューヨークのマンハッタンの夜景のようになった」と語っている。

海上警備などができないために違法操業を取り締まれず、漁業資源はみるみる枯渇していった。もともとソマリアでは魚介類の消費は限られ、一九八〇年にはわずか四〇〇〇トンの漁獲しかなかったが、一九九〇年代には六万トン前後に増え、輸出に回された。政府崩壊とともに外国漁船が殺到して、一九九九~二〇〇三年には一二万トンにも跳ね上がった。その乱獲がたたって、最近は三万トン前後にまで減り、漁民の収入の道が閉ざされた。

国際環境保護団体グリーンピースは具体的にスペインの漁船団の名を挙げて、外国船による魚の略奪と汚染を「海賊行為」と非難する。EUに対して断固たる経済的・法的措置をとるよう求めたが、ほとんど無視されてきたという。ソマリアの漁師は二〇〇六年に、「外国の漁業船団が、ソマリア国家の崩壊を漁業資源の略奪に利用している」と、国連に苦情を申し立てた。だが、再三の要求にもかかわらず、国連は対応しなかった。

ソマリアの海岸地帯では、もう一つの深刻な問題が起きている。スイスやイタリアなどの欧州企業や米国やアジアの廃棄物処理業者が、一九九〇年代初期にソマリアの政治家や軍指導者と廃棄物の違法な投棄協定を結んだ。そして、ソマリアの海岸へ鉛、水銀などの重金属や有毒化学物質を含む廃棄物、感染の恐れのある医療廃棄物などを大量に投棄してきた。そのなかには、処理が困難な放射性物質も混じっていた。

違法投棄が明るみに出たのは、二〇〇四年末に発生したインド洋の大津波だった。震源地から四〇〇〇キロメートル以上離れたアフリカ東海岸にまで押し寄せ、ソマリアの沿岸部では八〇〇〇世帯が被災した。海岸に積み上げられた有害な廃棄物が巨大な波によって流れ出し、それがまた岸に打ち上げられて広い範囲が汚染された。

国連環境計画（UNEP）の調査では、少なくとも三〇〇人が放射線障害にかかったという。これ以外に、数万人のソマリア人が有毒な化学物質に接触して発病した。UNEPによると、有害廃棄物の海岸への投棄は、欧米で合法的に処理するのに比べて処理費用が数百分の一で済むという。このような乱獲と汚染によって漁師は漁業が続けられなくなった。

ツケとしての海軍派遣

海賊の正体は、元漁民が圧倒的に多いといわれる。これに、民兵や失業した沿岸警備隊員らが加わっている。なぜ彼らが海賊行為に走ったのかについては、いろいろな説がある。ある海賊は外国メディアに登場して「漁業で食べていけなくなった漁民が、自分たちの手で外国漁船を追い払うために武装した」と答えている。彼らは、自分たちのことを「ボランティア沿岸警備隊」と呼ぶ。

しかし、海賊はきわめて高度に組織化されており、ある有力氏族が作り上げた密輸組織が母体になったとする説もある。アフガニスタンからパキスタン、ソマリアを経由してアラブ諸国やヨーロッパ方面に麻薬を密輸していたが、もっと割のいい海賊業に転じたというのだ。

もともとは自衛のために武装した組織だったが、二〇〇七年以降、海賊行為の「収益性」の高さに目を付けた漁民らが進んで海賊行為に精を出すようになり、これに民兵や密輸組織が参入してきたという説も有力だ。

海賊行為を弁護するわけではないが、各国は海軍を派遣するよりも前に、欧米の大企業に有害廃棄物の投棄をやめさせ、汚染や乱獲の被害を受けた漁民を補償して、彼らが自活できる道をもっと早く考えるべきだったのではないか。それを怠ってきたツケが、身代金や海軍の派遣など莫大な出費として回ってきたのではないか。

file 7

人間へのリベンジか？

多発するゾウの攻撃

押収された象牙

2年で6000頭分

七〇年間で激減したゾウ

この数年来、アフリカゾウが人間を襲う事件がしきりに伝えられる。もともとゾウはおとなしい動物だ。動物園やサーカスや映画の人気者であり、何千年も人間と平和に共存してきた。危害を加えられないかぎり、積極的に人間を襲うことはないとされる。そのゾウに何が起きているのだろうか。ゾウの保護運動にかかわる研究者や活動家の間では、大量虐殺に対する報復ではないか、とする見方が広がっている。

一九四〇年代には、少なく見積もってもアフリカには五〇〇〇万頭以上のゾウが生息していた。それが、国際自然保護連合（ＩＵＣＮ）の一九八一年の調査では、一一九万頭しか確認できなかった。さらに、一九八九年にゾウの生息する三七カ国で調べたところ、六二万頭に半

生息地が狭められて保護地域に逃げ込んだために過密化したゾウ(ボツワナのチョベ国立公園)

減していた。最新の二〇〇六年の調査では、四七万二〇〇〇頭しか残されていない。七〇年間で一〇分の一以下になったのだ。

アフリカでゾウがもっとも殺されたのは一九七〇〜八〇年代。この間にアフリカで八〇万頭のゾウが殺りくされて、象牙七万トンが密輸出された。その最大の輸入国は日本と中国だった。日本の輸入量は、最盛期の一九八三年には四七六トン。世界の取引量の四割を占めた。これだけで数万頭のゾウが殺された計算になる。

こうした大量輸入が、現地でのゾウの乱獲を加速させた。特に、日本では象牙製印鑑の需要が大きく、一

ゾウが木の葉を食べるために押し倒した森林．その破壊力はすさまじい（ボツワナのチョベ国立公園）

九八〇年代には年間二〇〇〇万個の象牙の印鑑が製造されていたと「トラフィック」（動物の違法取引を監視する国際NGO）は推定している。それ以外にもピアノの鍵盤や麻雀パイなどに使われた。

価格高騰で止まらない密猟

「絶滅のおそれのある野生動植物の種の国際取引に関する条約」（ワシントン条約）で一九八九年に象牙の取引が禁止され、事実上、世界の象牙貿易は終わったはずだった。しかし、一時よりも密猟のペースは落ちたとはいえ、象牙のヤミ取引の量からみて、現在でも毎年二万頭前後が密猟者に殺されている計算になる。二〇〇六年八月以後、チャドのザクーマ国立公園近くで約一〇〇〇頭のゾウが虐殺された。スーダン内戦から逃れてきた二〇万人を超える難民が、生活のためにゾウを殺害して象牙を取ったのだ。公園監視員三人が密猟者に射殺される事件も起きた。

このチャドのほかに、カメルーン、中央アフリカ、コンゴ民主共和国(旧ザイール)、ニジェール、マリ、マラウイでも密猟が続いている。ケニアの例では、密猟者の取り分は一キログラムあたり三七～五〇ドル。これが末端価格では八〇〇～一〇〇〇ドルぐらいになる。一頭を殺して一〇キロも取れれば一年以上、楽に暮らせる。これでは密猟が止まるはずもない。

密猟が続いていることは、密貿易もまだ続いていることをものがたる。例えば、ケニアとマリ両国政府によると、二〇〇四年末から二〇〇六年末までに世界各国で押収された違法取引による象牙は四〇トンあまり。アフリカゾウ約六〇〇〇頭分に相当する。

この主な輸出先は、やはり日本と中国だった。このなかには二〇〇六年に大阪南港で貨物船から押収された約三トンも含まれる。ケニア政府は「日本では企業の自主的な取り組みにまかされており、密輸入の監視態勢が不十分なことが密輸横行の一因だ」と指摘した。

ケニアの国立博物館には、三メートル近い超特大の象牙が展示されている。重さは一〇〇キロを軽く超える。こんな牙をもつゾウはとっくの昔に姿を消した。最近ヤミ取引されているのは、平均五キロぐらいのものが多い。以前には見向きもされなかった、小さなものだ。

規制強化で価格は暴騰しているので、これでも商売になる。牙の大きなゾウから選択的に殺されるために、遺伝的に牙の小さい系統が生き残り、全体的に牙の小型化が起きているともいわれる。

ゾウと人間の衝突

アフリカの農村でゾウは嫌われ者だ。地上最大の哺乳類であるゾウは、一頭あたり一日約三〇〇キログラムもの草を食べ、二〇〇リットルもの水を飲む。しかも群れで行動するので、畑の作物は一網打尽にされる。

頭がいいため、侵入を防ぐのは難しい。ケニアでこんな光景を目撃したことがある。農場では電気柵を張りめぐらせて侵入を防ごうとしたが、ゾウは近くの大木を押し倒して柵を破壊、群れが入り込んで一晩で数ヘクタールの畑を丸坊主にしてしまったのだ。

アフリカの人口は過去半世紀に四倍以上に増えて、ゾウが草をはんでいた草原は開墾が進んで急激に縮んでいる。餌に困ったゾウは畑を荒らすしかなくなってきた。しかも近年、干ばつの被害が一段と激しくなり、ゾウが水を求めて人間の水場にやってくるようになったことも、地元民との衝突の一因になっている。

専門家は、ゾウの行動に大きな変化が現われているという。三〇年前には、ゾウが人間を襲うことはきわめてまれだった。最近はゾウが人間を追いかけて危害を加える例が増えている。

ケニアに本部を置いてゾウの保護活動をしている「セイブ・ザ・エレファンツ財団」の4WD車も襲われた。牙でバンパーを持ち上げて三回も横転させたという。マサイマラ動物保護区でゾウの保護を続けてきた専門家も、以前に比べてゾウが神経質になっているという。以前は二〇メートルぐらいまで近づけたが、最近は五〇メートルほど離れてもゾウが威嚇するそうだ。

ゾウにかかわる事件の統計は断片的なものしかないが、ケニア野生生物局によると、二〇〇八年の一年間だけで少なくとも二五人が殺されて、数十人が負傷した。このなかには、観光客やサファリガイドも含まれている。二〇〇九年には、人を襲ったために射殺されたゾウが九八頭にのぼった。前年のほぼ二倍の数だ。一九七〇年代以前には、ゾウに襲われた例は皆無だという。ところが、最近はボツワナ、ジンバブエ、マラウイ、ザンビアなどでも同様の事件が相次いで報告されている。

マサイ族はゾウと同じ生活圏で暮らしてきた。かなり廃れてはきたが、成人になるための通過儀式として、ライオンやゾウを槍で殺すことがまだ一部で行なわれている。以前はゾウが近づいてきても、身にまとっている赤布(シュカ)を振り回せば逃げたが、最近はかえって襲いかかるゾウが増えたともいう。

ゾウの怒りが象徴するもの

凶暴化という行動の変化は、人間への復讐ではないかと考える研究者もいる。例えば、親が殺されて孤児になったゾウを収容して野生に戻す活動を、ケニアで三〇年以上続けている「デビッド・シェルドリック野生生物財団」の理事長で動物行動学者ダフニー・シェルドリックさんもその可能性を指摘する一人だ。マサイ族を襲ったあるゾウが、耳の傷の特徴などからみて、以前に殺した親ゾウに従っていた子ゾウにそっくりだったという証言もある。

ゾウの脳のMRI画像をみると、記憶をつかさどる海馬がきわめて大きく、記憶力は抜群だ。一九八〇年代初期の大干ばつの時に水場を失った群れが、二〇年前の水場を覚えていてはるばる移動したという観察もある。一九七〇〜八〇年代の大量殺りく時代に親の死を目撃した子ゾウが、大きくなって復讐しているのではないかと信じる地元民は多い。むろん、ゾウのトラウマを擬人化してしまうのは危険だ、という専門家も少なくはない。

ゾウは複雑な社会構造を持っている。メスをリーダーとして、何世代もの家族が何十年も同じ群れで一緒に暮らす。一頭が死ぬと何時間も寄りそって見守り、死骸から離れずに骨になっても愛撫する姿もみられる。人間の殺りくがゾウの家族の絆を崩壊させ、その母殺しの惨劇を生きのびた子ゾウたちが、二〇〜三〇年後に「復讐」に走っているのではないかという仮説は、説得力がある。

密猟阻止やゾウの孤児救済のために一九九九年、ケニアに「アン・ケント・テイラー基金」が設立された。理事長のテイラーさんによると、収容される子ゾウは虐待された人間の子どもとそっくりのトラウマを抱えているという。

ウガンダでは、一九七一年に軍事クーデターによってアミン将軍が実権を握り、暴力と恐怖で国を支配した。深刻な内戦に突入し、反アミン派の三〇万人以上が惨殺された。兵士たちは肉や象牙を目当てに、手当たり次第にゾウを殺した。それも、ゾウの群れにライフルを乱射し、手榴弾を投げつけるという大量殺りくだった。兵士は斧でゾウの死体から牙や肉をたたき切って、持ち去った。

もっとも人気の高いクイーンエリザベス国立公園では園内の九五％のゾウが殺され、三〇〇〇頭から一五〇頭にまで激減した。一世代分のゾウがまるごと消えてしまったのだ。近年は国際協力によって一二〇〇頭にまで回復したが、虐殺以来、ゾウは観光客や村人を威嚇し、攻撃するようになった。

攻撃的になったゾウと人間の共存のために、さまざまな対策が研究されている。ケニアでは畑の周りにロープを張りめぐらし、ロープにトウガラシとエンジンオイルを混ぜた液体を塗っている。臭いを嫌ってゾウが近づかないという。

ゾウが怖がる数少ない動物がアフリカミツバチだ。最近は、アフリカから南米や北米に持ち込まれたものが野性化し、大群で人間を襲って死者まで出ている凶暴なハチだ。このミツバチの巣を畑の周りを取り囲むようにぶら下げ、それを針金でつないでおく。

ゾウがロープに触ると巣が揺れて怒ったアフリカミツバチが飛び出し、目の周りや耳の裏、鼻の上など、ゾウの皮膚の薄い部分を攻撃する。ケニアでこの方式を取り入れた農場では、作物の被害が八六％も減ったという。さらに改良して、録音したハチの羽音をスピーカーで流すだけで、ゾウが一斉に逃げ出すようになった。しかし、頭のいいゾウのことだから、いつかはこの対策を考えだすかもしれない。

野生動物でゾウほど人間と親密だったものは、他にいないだろう。古代には「軍象」として戦争に駆り出され、今でもなおアジアでは運搬などの使役に使われ、世界中のサーカスで曲芸を披露している。その友好的なゾウが、ついに人間に刃向かうようになったのだ。そう仕向けた人間は、もっとも凶暴な動物なのだろう。

file 8

インドの保護策は成功するか？

寅年のヌシの悲しい現実

ベンガルトラの生息数
5年で60％減

九亜種中、三亜種が絶滅

一二年ごとにめぐってくるトラ年。そのたびに、一段ときびしさを増すトラの生息状況が思い知らされる。前世紀のはじめに一〇万頭はいたと推定されるが、国際自然保護連合（IUCN）の二〇〇九年の調査では、野生のトラはアジアとロシアの一三カ国で三四〇二～五一四〇頭しか確認できなかった。この一〇〇年余りで三～五％にまで激減したことになる。野生のトラは世界中の動物園やサーカスで飼われているものよりも少なく、ゾウやサイとともに、もっとも追い詰められている大型獣である。

分類上、トラは九つの亜種に分かれている。そのうち三亜種がすでに絶滅し、残る六亜種のうち五亜種までが絶滅の瀬戸際にある。インドネシアのバリ島にだけ生息していた「バリトラ」は一九四〇年代に、カスピ海沿岸からアラル海周辺、イラン、アフガニスタン、パキスタン北部の山岳地帯に分布していた「カスピトラ」（ペルシャトラ）は一九七〇年代にそれぞれ絶滅した。

ジャワ島固有の「ジャワトラ」も、一九八〇年代に絶滅したとされてきた。しかし、二〇〇八年一一月に中部ジャワのムルバブ山で半身を食べられた女性の遺体が見つかり、近くでトラが目撃されたという情報があった。ジャワトラの仕業という推測もあったが、確認されていない。

生存しているトラで個体数がもっとも多いのは「ベンガルトラ」だ。インドで一一六五～一六五七頭、ネパールで三五〇～三七〇頭、ブータンで六七～八一頭が確認されている。次いで「スマトラトラ」がインドネシアに四四一～六七九頭、「シベリアトラ」（アムールトラ）がロシアに三三一～三九三頭、「マレートラ」がマレーシアに三〇〇～四九三頭。以上の三種は絶滅をまぬがれるかどうか、ぎりぎりのところだ。

マレーシアのヤシン副首相は、マレートラの個体数を二〇二〇年までに現在の二倍以上の一〇〇〇頭まで増やす計画を二〇〇九年一一月に発表した。マレーシアのトラの生息数は一九五〇年代には三〇〇〇頭ほどと推定されていたが、森林伐採による生息域の減少や密猟のために急減してしまった。

「インドシナトラ」はベトナムに一〇〇頭、カンボジアに一一～五〇頭だけとみられるが、

中国広西チワン族自治区のトラ牧場で飼育されているアムールトラ

中国南部の国境地帯にはわずかながらインドシナトラの目撃例がある。二〇〇九年一二月、中国南部のラオス国境に近い自然保護区で、トラを殺して食べた男に禁固一二年の刑が言いわたされる事件があった。現地メディアは、中国で最後のインドシナトラだと報じた。同じく中国南部の「アモイトラ」も、一九五〇年代には約四〇〇〇頭はいたといわれるが、現在三七～五〇頭しかいない。この二種については、かなり絶望的である。

加藤清正のトラ退治で知られる朝鮮半島では、一九二四年に「シベリアトラ」六頭が捕獲されて以来、生存を示す記録がない。清正の勇猛ぶりを伝えるトラ退治の真相は、病床にあった秀吉のために、朝鮮に出兵していた加藤清正、黒田長政、小西行長らが、精力剤と信じられたトラの肉を塩漬けにして競って贈ったものだ。つまりゴマスリ攻勢だった。

インドの成長でベンガルトラに危機

現存するトラの半数を占め、唯一安泰とみられたベンガルトラにも危機が迫っている。国立インド野生生物研究所が、二〇〇八年二月に発表した調査結果は衝撃的だった。トラの推定生息数は五年前から六〇％以上も減り、一四一一頭しか残っていなかった。

これまでの調査では、保護区内での生息数は全体の半数以下で、半分以上は保護区外の森林などに生息していた。今回の調査では保護区外のトラが激減していた。研究所の専門家は、この理由を広い範囲で森林が消失したためとみている。過去二〇年間にダム建設、鉱山の採掘、農地開墾などのために、「人のいる場所」「家畜のいる場所」「森林が失われた場所」からトラが急速に姿を消した。

インドの陸地面積は世界の二・四％に過ぎないものの、人口は世界の約一七・五％、家畜頭数の一八％を抱えている。とくに、人口は過去二〇年間に三億六〇〇〇万人、つまり日本の人口の三倍に相当する規模で増え、現在はほぼ一二億人に達した。このまま増加がつづけば、二〇三〇年には一四億五〇〇〇万人を超え、中国を抜いて世界一の人口大国になる。

インドの経済は好調だ。世界的な低成長のなかにあってインドは八％前後の経済成長を維持し、いまや中国とともに世界経済の牽引車になっている。ちなみに、社会主義色の強い経済政策がとられていたガンジー政権（後述）時代の成長率は三・五％程度だった。

人口の圧力に近年の開発ブームが加わって自然環境が急速に悪化し、トラの生息環境を破壊している。「土地の劣化」は国土の三二％以上にのぼり、砂漠化地域の面積は八〇〇〇万ヘクタール以上と、インドの陸地の四分の一近くに相当する。砂漠化がもっとも進行しているのは北部と西部だ。原因は森林伐採と過剰な放牧にある。

人口増加のためにインドの水資源需要は二〇三〇年までに倍増し、多くの河川が干上がるという警告が出されている。水辺を好むトラはいよいよ生息地が狭められることになりそうだ。

保護当局は、分断された生息地を守るために保護区周辺の森林を緩衝地帯として残し、トラが保護区間を自由に行き来するための「緑の回廊」を設ける必要もあるとしている。トラの遺伝的多様性を維持するためには、自由に移動できることが不可欠だが、開発を阻止して回廊をつくるだけの力が保護当局にはない。

保護に熱心だったガンジー

インドのトラの危機は、今にはじまったことではない。一九世紀末には四万〜五万頭は生息していたと推測されるが、当時のヨーロッパの王侯貴族やインドのマハラジャ（藩王）はトラ狩りに熱中した。サルギアのマハラジャは生涯で一一五〇頭も殺し、自家用のロールスロイスの内張にトラの毛皮を使ったほどだ。

一九七二年にインド国内ではじめて網羅的に実施されたトラの生息数調査の結果は、ショッキングなものだった。トラの個体数は予想を大幅に下回って二〇〇〇頭以下になっていたのだ。

このときトラ保護に立ち上がったのが、一九六六〜八四年に二度にわたって首相になったインディラ・ガンジーだった。彼女はトラの狩猟を全面的に禁止し、野心的な保護計画「プロジェクト・タイガー」を開始した。

インド国内に一五カ所、彼女の呼びかけでネパールに三カ所、バングラデシュに一カ所、トラの保護区が設けられた。保護区内の住民は強制的に退去させられ、密猟の取り締まりも強化されてレンジャーが配備された。トラが餌にするシカなどを守るために森林も保護された。トラの個体数は一五年で倍増し、絶滅の危機も遠のいた。プロジェクトは野生動物保護のお手本と賞賛され、国際的な評価も高かった。

トラ保護区では、ゾウに乗ってトラを観察できるサファリが人気を集めている。とくに、トラの数が多いインド中央部のカーナ国立公園には、世界中から観光客が集まる。だが、ガンジー首相が一九八四年に暗殺された後、プロジェクトは失速した。保護予算は削られ、予算が流用される汚職もしばしば問題になった。レンジャーには無線や銃、ときには靴や制服さえ満足に支給されなくなった。

そして再び密猟が横行するようになった。隣国の中国の経済が発展するにつれ、トラの毛皮と骨の需要が高まったためだ。中国ではトラの骨などが漢方薬の原料として珍重され、高価格で取り引きされる。このために密猟団が保護区に侵入してトラを殺した。この一〇年間でインド当局は八〇〇頭分以上の骨と毛皮を押収したが、これも氷山の一角で、現実にはさらに多くが密猟されているとみられる。

保護関係者からさまざまな密猟の報告があったが、当局は見て見ぬふりをしてきた。トラの生息数が減れば、保護区担当の役人の責任にされ、また密猟の実態が明らかになれば、トラが目当ての観光客が減る恐れがあったからだ。そのために、虚偽の頭数がまかり通った。たとえば、一九五五年に保護区に指定され、首都ニューデリーにもっとも近いサリスカ保護区は、二〇〇五年の調査で一八頭のトラが生息していることになっていたが、その後の調査では一頭も見つかっていない。

動物保護より開発優先

国際的な批判にさらされたインド政府は、二〇〇八年にトラ保護局を新設し、保護のために総額一億五〇〇〇万ドル相当の予算をつけた。新たに八カ所の保護区を設定し、密猟者からトラを守る森林警備員に退役軍人を採用することも決めた。だが、トラは単独で生活しており、テリトリーはオスで約五〇〇〇ヘクタール、メスでも約二〇〇〇ヘクタールが必要というほど広大だ。それだけの保護地域の確保はむずかしい。

保護区の拡大とともに、指定区域から移転する世帯には、これまでの一〇倍の二万五〇〇〇ドル相当の立ち退き料を支払う方針も打ち出した。これで二〇万人が立ち退きに応じるとみている。しかし、保護区内とその周辺に住む人々は約七〇〇万人と推定され、二〇万人が移動したとしても効果は期待できそうにない。住民の立ち退きは抵抗が大きく、急進左派の武装組織「ナクサル党」などの反政府活動を刺激する原因にもなった。

保護は思うように進まない。密猟の手口は巧妙化して、取り締まりもますますむずかしくなっている。密猟者などを専門に取り締まる森林警備員を配置して二年たったが、密猟で逮捕された者は一人もいない。ガンジー首相と比べて権力基盤の弱いマンモハン・シン首相が、効果的なトラの保護策を徹底させられるか、疑問視する声も高まっている。

森林は州政府の管理下にあり、伐採に関しては州政府が権限を握っている。州政府の関心は森林保全よりも開発にある。開発業者は水力発電ダムの建設やボーキサイト採掘などで莫大なカネを落とすが、トラの保護はたいして地元の利益にはならない。

このために中央と州の対立が激しくなっている。トラが激減しているオリッサ州は、中央政府の保護策を批判して、野生生物研究所が発表したトラの生息頭数が過小評価だとして、独自に再調査を行なうことを表明している。

こうした状況にあるインドだけでなく、世界的に「孫の世代にはトラはまったく見られないかもしれない」とする不安の声が広がっている。

「虎の尾を踏む」「虎穴に入らずんば虎子を得ず」「虎の子」「虎の威を借る狐」「虎になる」……。もしもトラがいなくなったら、こんな表現も絶滅してしまうのだろうか。

file 9

最悪の条件がそろった災害

なぜハイチの地震被害はひどいのか

人口約1000万人の失業率は60％

最悪の条件で起きた地震

二〇一〇年一月一二日、カリブ海のハイチをマグニチュード七を超える地震が襲った。ハイチのプレバル大統領は、地震による死者が二〇万人を大きく超える可能性を示唆しており、二〇〇四年のスマトラ島沖地震を上まわる大きな被害になりそうだ。

ハイチに駐留する国連ハイチ安定化派遣団（ＭＩＮＵＳＴＡＨ）のミュレ代表代行は、記者会見で「知りうる限りで史上最悪の条件がそろった災害」と表現した。貧しいうえに政治が混乱していて、政府が機能していない。衛生施設などのインフラが整備されず、森林破壊、土壌侵食など環境破壊が深刻をきわめるからだ。

一九六〇年に三七〇万人だった人口は現在ほぼ一〇〇〇万人に達している。一平方キロメートルあたりの人口密度は三五六人で、中南米では小さな島国のバルバドスについで二番目に高い。人口が二〇〇万人の首都ポルトープランスには、斜面に巨大なスラムが点在する。二〇万人以上がスラムにも入れずに路上で生活している。地震後、貧困層が商店を荒らし回って治安悪化に拍車をかけた。

一人あたりの国民総所得は七〇〇ドル。国民の七割以上が一日二ドル未満、半数以上が一ドル未満で暮らす西半球の最貧国だ。六〇％の人々が失業状態にある。首都ポルトープランスでも国民の四人に一人が重度の栄養不足で、食料消費の約半分を援助に頼っている。毎年マラリアで三万人が死亡する。

今回の地震で死者がきわめて多かった理由の一つに、エイズ感染が関与していると、世界保健機関（ＷＨＯ）はみている。ハイチのエイズ罹患率は成人人口の五％で、中南米で最高である。エイズによって免疫が極度に低下したところに、災害後の不衛生な環境で呼吸器や消化器の感染がはびこっているからだ。

政治的な腐敗が進み、ドイツに本部を置く国際ＮＧＯ「トランスパレンシー・インターナショナル」による政治腐敗度の世界ランキングでは、一八〇カ国中一七七番目。国の開発の程度を示す国連の「人間開発指数」では一七七カ国中一五四位である。電気、上下水道、医療、教育など社会資本も大きく立ち後れている。一〇〇万人を超えるハイチ人が海外、とくに米国に住み、母国へ仕送りをして経済を支えている。

写真上に現われた国境線．左側は森林を失ったハイチ，右側は森林が残るドミニカ共和国(NASA 提供)

崩壊した環境

砂糖プランテーションなどによる長年にわたる破壊に加えて、エネルギーの七割を薪炭に頼っているため、ハイチは世界でもっとも森林破壊が進行した国である。国連食糧農業機関(FAO)の二〇〇五年版森林白書によると、森林はわずか三・二%しか残されていない。スペイン人の入植以前には国土の七五%が森林だったと推定される。同じイスパニョーラ島を分かつドミニカ共和国の二八・四%と比べてもはるかに少ない。この両国の国境線は、柵などがないのにもかかわらず、ハイチ側は裸地、ドミニカ側は森林で、衛星写真上にその違いがくっきりと浮かび上がる。

現在、自然林といえるものは、険しい山岳地帯にわずかに残されているだけだ。世界銀行などの援助で何回か植林が計画されたが、ほとんど機能しなかった。国民は深刻なエネルギー危機に直面している。国際自然保護連合（IUCN）によると、七七種の固有動物種のうち七四種までが絶滅かその寸前だ。

ほぼ全土で森林を失ったために、雨期の雨は急流となって斜面を押し流していく。丸裸になった急斜面に密集するスラムでは、大雨のたびに洪水や地滑りで大きな被害が出る。土壌の侵食で農地が埋まり、ダムへの土砂の大量流入で発電ができなくなるなど、さまざまな環境問題を抱えている。国連環境計画（UNEP）は、世界でもっとも生態系が危機的状況にある国としてハイチを挙げる。

こうした斜面に地震の振動が加わると土はさらに崩れやすくなる。ただ、不幸中の幸いだったのは、今回の地震が山岳地帯の多いハイチにあって比較的平坦なポルトープランスで発生し、しかも乾期だったことだ。これが、雨期に起きていたら土は雨水を吸って最悪の土砂災害になった可能性も指摘されている。

ハイチがあるイスパニョーラ島に最初にやってきたヨーロッパ人は、イタリア出身のクリストファー・コロンブスである。「新世界の発見者」という評価こそ色あせたものになったが、発展途上地域を収奪した先駆者としての地位は変わらない。一四九二年に、最後までアジアの一部と信じていたカリブ海に到達したものの、目的の香料はなく、金銀はあっても限られていた。彼はイスパニョーラ島にスペイン初の植民地を建設した。

まったく荒らされていなかったカリブ海は、美しい島々が連なっていた。彼の航海日誌には、真っ白の浜辺とうっそうとした木々に覆われていたようすが述べられている。彼はこの付近に旧約聖書の「エデンの園」があったと信じたほどだった。

コロンブスは島に三九人の水夫を残して帰路についた。だが、カリブ海の島々も無人島ではなく、先住民が狩猟や食物採集や原始的な農業で暮らしていた。ほぼ一年後に彼が島に戻ってみると、入植地は破壊され、残していった全員が殺されていた。スペイン人は先住民を奴隷にし、抵抗する者を殺し、女性を強姦し、子どもをも殺した。たまりかねた先住民が反乱を起こしたのだ。

だれがハイチを追い詰めたのか

コロンブスは計四回にわたって、カリブ海から中南米にかけて航海した。総督の地位に就いたコロンブスは、サントドミンゴ（現在のドミニカ共和国の首都）に総督府を設けた。犯罪者の鼻や耳を切り落とすなどの残忍な統治を行ない、先住民を奴隷にして金を採掘し、開墾させた。一五〇四年に四度目の航海からスペインに戻ったが、人望を失って人が寄りつかずスポンサーにも見放されて、その二年後にこの世を去った。

植民地にされたイスパニョーラ島は、その後不幸な歴史をたどった。一五二〇年ごろ、スペイン人はイスパニョーラ島がサトウキビ栽培に適していることを発見して、プランテーションを建設した。そこにアフリカから奴隷を送り込んだ。コロンブスの到達後わずかの間に、先住民の人口が急減して労働者が不足したからだ。

コロンブス以前には、イスパニョーラ島には少なくとも五〇万人(一〇万〜一〇〇〇万人まで諸説ある)のタイノ族が住んでいた。しかし、植民地にされてから二七年後には、一万一〇〇〇人にまで減った。その後、スペイン人が持ち込んだ天然痘の流行などにより絶滅したとされる。

スペイン本国が衰退した後、代わってフランスがイスパニョーラ島の西側、つまり現在のハイチ側を植民地にして奴隷を送り込んだ。そこに、サトウキビの大規模プランテーションを建設した。サトウキビ栽培は広大な森林を焼き払って農園をつくり、しぼった砂糖の原液を煮詰めるために膨大な薪を消費した。また、サトウキビは養分の吸い上げが激しいために土壌を消耗させ、土壌侵食がひどくなった。

一七八九年にフランス本国で革命が起きた知らせを聞いた黒人奴隷らは、反乱を起こして白人を追放し一八〇四年に独立を宣言した。世界初の黒人による共和国で、中南米で最初の独立国になった。山が多いという意味の現地語から「ハイチ」と命名された。

一九世紀後半には、森林の乱伐がさらに加速した。コロンブスが絶賛した美しい自然はもはや島のどこにもなかった。追い打ちをかけるように、二〇世紀初頭には鉄道線路の枕木用や都市化のために木材需要が高まった。人口の増大とともに薪の需要が増えて森林伐採の速度は上がり、河岸での開墾が進んで川や海への土砂の流入が激しくなった。

その後も、ハイチでは内戦や分裂、政治腐敗などの不安定な時代が今日までつづいている。一九五七年以後は独裁政権によって混乱が深まり、相次ぐクーデターや武力衝突で政情不安が居座り、経済はますます困窮している。一九九〇年に初の民主選挙が実施された後も政権は安定せず、二〇〇四年からは国連ハイチ安定化派遣団が常駐している。

貧困と環境破壊が災害を増やす

荒廃した大地、大きく立ち後れたインフラは、もはや自然災害を受け止める力が残されていない。二〇〇四年のハリケーン「ジーン」では、約三〇万人が被災し三〇〇〇人以上が死亡した。二〇〇八年には「フェイ」「グスタフ」「ハンナ」「アイク」の計四回のハリケーンが四週間の間につづけて上陸し、計一〇〇〇人以上が犠牲になり約八〇万人が被災した。各地で洪水や土砂崩壊が発生し、食料や燃料代が高騰した。そこに追い打ちをかけるように今回の大地震が発生、ふたたび各地で土砂災害が起きた。

世界の気象統計を調べても、干ばつ、洪水、暴風雨、地震といった異常現象の発生件数が以前よりも増えたという事実は出てこない。災害を引き起こす異常気象は「災害原因事象」

と呼ばれ、その発生頻度は過去数十年ほとんど変わっていない。

「災害原因事象」が自然災害として扱われるかどうかは、一定以上の人的・経済的な被害によって決まる。南極でいくら大地震があっても災害にはならないが、ポルトープランスのような過密都市で発生すれば比較的小さな地震でも大災害になる。

災害研究の拠点になっているベルギーのルーベン大学の研究グループによれば、一九七〇年代に発生した地震のうち、人間の居住地域に影響を及ぼしたものはわずか一一％しかなかった。ところが、一九九三〜二〇〇三年には三一％にまで増加した。地震の発生件数が増えたのではなく、地震の発生地帯に住む人が増えたことをものがたっている。

また、環境破壊が地球規模で進行していることが、災害件数を増やしている。傷めつけられた自然が災害を招き、脆くなった自然が被害を拡大させる。発展途上地域では森林や土壌の破壊が急速に進み、保水や土壌の機能が低下して、以前なら小さな被害で収まったはずの災害でも多くの犠牲者を出すようになった。

さらに、貧困人口の急増から、洪水や高潮に襲われやすい川岸や海岸の低湿地、土砂災害の起きやすい急斜面、降雨の不安定な半乾燥地帯など、危険な場所にまで住まざるを得なくなってきたことが、被害を加速度的に拡大している。「天災」とされて、半ばあきらめられてきた災害は、いつしか「人災」の色が濃くなっていたのである。

file 10

飲んだ薬はどこへ行く

下水は何でも知っている

タミフルの代謝産物
293.3ng/ℓ

タミフル汚染

最近、体調を崩して病院で診てもらったら、いくつかの病名が告げられてショッピング袋いっぱいほどの薬を処方された。「はて、この薬を全部飲みきる人はいるのだろうか」「これだけの薬が体外に排せつされたら、その後どうなるのだろう」などと気になっていたら、新型インフルエンザの薬であるタミフルが、河川を汚染しているというニュースが流れた。服用された薬は体内から出ると下水を通って、河川や海を「化学物質汚染」させているらしい。

日本は、全世界で使われるタミフルの七割を占めるといわれるほどの大消費国だ。二〇一〇年一月に季節性インフルエンザが流行したとき、京都大学流域圏総合環境質研究センターの田中宏明教授らが京都府内の三カ所の下水処理場で実施した調査では、処理後の下水や川からタミフルの代謝産物が検出された。一方、流行期間が始まる前に採取されたサンプルからは、まったく検出されなかった。

ただ、下水中の濃度は一リットルあたり二九三・三ナノグラム（ｎｇ＝一〇億分の一グラム）、川の水では六・六〜一九〇ナノグラムの範囲で、人体や生態系に影響をおよぼす濃度ではなかったという。この分析で、従来の汚水処理技術ではタミフルは完全に除去できないことがわかった。

タミフルが河川に入り込む経路でもっとも考えられるのは、排せつ物や、飲み残した薬をトイレに投棄したケースである。インフルエンザはもともと、カモなどの水鳥の持っているウイルスが突然変異を起こして人に感染するようになったものだ。水鳥が川や池で水中のタミフルに接触すると、体内でタミフルに対して抵抗性のあるウイルスが生まれる可能性が指摘されている。水鳥は一般に、下水処理場から流入する水温の高い水を好む傾向があるといわれる。

避妊薬から汚染が明るみに

医薬品が水質汚染の原因になっているのではないか、とする心配はかなり以前からあった。一九九〇年代に、ロンドンを流れるテムズ川でオス・メス双方の生殖器を持つ魚が釣れるようになった。とくに下水の流れ込む場所では、四割の魚が両性具有だった。

薬物による環境汚染が問題になったテムズ川は，ロンドンの中心部を流れている

英国ブルネル大学などの研究者の調査では、女性が服用した経口避妊薬（ピル）に含まれる合成エストロゲンが、オスの魚をメス化してしまった疑いが強まった。川沿いでは推定三〇〇万人の女性が避妊用ピルを常用し、排せつ物に含まれるホルモン剤の合成エストロゲンが下水処理場をすり抜けて川に流れ込み、水生生物に影響を与えるという意外な展開になった。おまけに、魚の異常が多く発見された一帯では、他の地域に比べて男性不妊症の割合も高いとする、疫学結果も発表された（否定する調査もある）。

この調査で、合成エストロゲンは一リットルあたり〇・一ナノグラムの極微量でも魚類のメス化をもたらすことがわかり、大きな衝撃を与えた。英国では、流域管理計画を再検討してエストロゲンで汚染されている水域を洗い出し、下水処理場で除去する技術の開発を進めている。これまで化学物質の生態系への影響は、農薬や工業製品が議論の対象だった。だが、生活排水に含まれる医薬品も、汚染物質として考えねばならないことをこの汚染はものがたっていた。

環境ホルモン

一九九〇年後半から世界的に、人や野生生物の内分泌系を攪乱させるさまざまな化学物質の存在が明らかにされてきた。人から排せつされる天然エストロゲンや合成エストロゲンだけでなく、プラスチック原料のノニルフェノールやビスフェノールAのような化合物も同じはたらきがあることがわかってきた。

これらが「エストロゲン類似物質」(環境ホルモン)と呼ばれて大騒ぎになったのは、記憶に新しい。「男性の精子の数が大幅に減っている」「生殖器のがんが増えている」といったニュースが世界を駆け巡った。日本でも河川や沿岸部で両性をもつコイや貝類が発見されたとして、テレビや新聞に大きく取り上げられた。

米国フロリダ州でも、湖にすむワニの卵のふ化率が急減して、正常の四分の一ほどにペニスが短小化したオスが多数見つかった。湖水やワニの体内からは、エストロゲンと似たはたらきをするＤＤＥが検出された。これは農薬ＤＤＴの分解物質で、一九七〇年代に蚊の駆除のために湖周辺で大量に散布されたものが、湖に流入して残存していたものとみられる。

広がる薬品汚染

私たちが飲んだ薬、つまり「化学物質」は、あるものは体内で吸収されて分解され、そうでないものは吸収されないまま排せつされる。最終的にはトイレから下水を経て、河川や海へと運ばれていく。

田中教授のグループ以外にも、これまで横浜国立大学、東京都健康安全研究センターなどによって河川の医薬品汚染の実態調査が進められ、汚染の状況がすこしずつ明らかになってきた。ただ、調査対象の医薬品の種類や地域が限られ、主に河川水、下水処理水、畜産排水だけで、環境中の医薬品汚染の全容はほとんどわかっていない。

調査ではやはり、長期間使用されることの多い医薬品が検出される頻度が高い。解熱・鎮痛剤のイブプロフェン、メフェナム酸、ジクロフェナクナトリウム、抗てんかん剤のカルバマゼピン。さらには、強心剤、消化性潰瘍用剤、高脂血症剤、抗不整脈剤、抗炎症剤、胃酸抑制剤などの成分や代謝物が検出されている。

欧米では、日焼け止めなどボディケア製品に使われる化学物質が、河川や下水処理水に広く存在するとして問題にされている。だが、環境中のこれらの医薬品の濃度は、一リットルあたり数～数百ナノグラムときわめて低い。

深刻な抗生物質耐性菌

なかでも、抗生物質による環境汚染が世界的に深刻な問題になっている。他の薬剤と同じように、ヒトの排せつ物から下水経由で汚染が広がっていく以外に、畜産や養殖の分野でもペニシリン、テトラサイクリンなど、人と成分の共通する抗生物質が大量に使用されているからだ。たとえば、日本では抗生物質の全消費量の七割以上、米国では五割以上が畜産や水産養殖に回されている。

抗生物質は家畜などの成長促進や、不潔な環境下での過密飼育にともなう病気の予防の目的で飼料に混ぜられる。そのかなりの部分が、動物や魚に吸収されずに排せつ物に含まれ、畜産排水や養殖池を通して水環境を汚染する。

抗生物質の人への乱用は、副作用や耐性菌の出現から社会問題になりながら、一方で家畜や魚介類には大量に使われている。私たちは抗生物質入りの肉や野菜を食べている可能性があると、米国のＮＧＯ「憂慮する科学者同盟」は警告している。

厚生労働省の調査では、抗生物質を添加した飼料で飼養した豚の糞尿中から、六種類の抗生物質の一つ以上に耐性を示す細菌が見つかった。耐性菌の出現頻度はサンプルによって大きく異なるが、アンピシリンで〇・二～八二％、カナマイシンで二～三四％、テトラサイクリンで〇～一〇〇％だった。

　女子栄養大学の上田茂子教授の調査でも、有機肥料の五～二五％からバンコマイシン耐性腸球菌が検出され、同時に国産と輸入野菜のそれぞれ三三％、三四％からも見つかった。これまでの厚生労働省の調査では、タイ、フランス、ブラジルなどから輸入された鶏肉も同じ耐性菌で汚染されていた。

　バンコマイシン耐性腸球菌とは、もっとも強力な抗生物質のバンコマイシンさえも効かなくなってしまった菌のことだ。健康な人が感染しても問題になることは少ないが、体力や免疫力の落ちている人が感染すると発症する場合があり、その場合効く抗生物質がないので重い病状になる。耐性菌の遺伝子が環境中で他の細菌に次々と伝達されて広がっている可能性が高く、とくに院内感染が大きな問題となっている。

　現場の医師によると、以前は抗生物質を使うとすぐに治っていた子どもの中耳炎が、原因となる細菌が耐性を獲得したために、慢性化するケースが近年増えているという。また、各地で多種類の抗生物質に耐性を示すＯ‐１５７などの病原性大腸菌も発見された。

　世界保健機関（ＷＨＯ）が、人の医療に使う抗生物質を家畜の飼料に添加することを自粛するように勧告を出し、欧州連合（ＥＵ）は二〇〇六年一月から成長促進を目的とした動物への抗生物質使用を禁止した。デンマークやドイツや日本でも、特定の抗生物質の家畜の飼料への添加を禁止するなどの規制を強めている。だが、食品汚染を監視するＮＧＯの間では、規制には抜け穴が多いという批判がある。

米国では農業団体の反対で規制はほとんど進まず、世界最大の抗生物質消費国にのし上がった中国でも、中国衛生部の調査で年間八万人が抗生物質の副作用で死亡しているという乱用がつづいている。

医薬品の大量消費は、病気を克服するはずの抗生物質が新たな病気をつくりだす、という皮肉な結果を招いた。「病気になったら養殖の魚を食べろ」というジョークが笑えなくなった。

今後の課題

医薬品は本来、人体や病原体に対して何らかの生理作用を起こすことが目的だ。人体に対する薬効や毒性や副作用は、承認時に義務づけられたさまざまな試験によってかなりのことがわかっている。環境中から検出された医薬品の濃度は、一般的に人が治療で服用する量の約一〇万〜一〇〇〇万分の一であり、直接の健康影響はほとんどないとされる。厚生労働省も「現時点では直ちに対応が必要な濃度ではない」としている。

しかし、こうした医薬物質が下水処理施設でどの程度除去され、自然界でどれだけ分解されるかは、これまでほとんど研究されてこなかった。とくに問題になるのは、河川や海洋に生息する生物への影響である。水にすむ生物は低濃度であっても長期間にわたりさらされることが多い。

環境省は環境中に排出された医薬品が生態系に影響を及ぼす可能性があるとして、河川や大気中の化学物質を調べる「化学物質環境実態調査」の対象に、二〇〇六年度から新たに医薬品成分を加えた。

経済協力開発機構（OECD）の二〇〇八年の環境保全成果報告では、「日本の化学物質管理政策は、人の健康保護と同程度に生態系の保全が図られているといえない」として、「規制範囲の強化」が勧告された。環境省は「化学物質の審査及び製造等の規制に関する法律」（化審法）を改正し、動植物への影響に対する審査・規制制度を導入した。だが、医薬品のみの目的で使われる化学物質については、薬事法との二重規制を避けるために化審法の適用除外である。

下水は個人情報？

下水が役に立つこともある。ミラノにあるマリオネグリ薬理学研究所の研究者は、イタリアの四つの都市の川や下水を分析して、地域の麻薬の使用状況を調査している。いわば「集団尿検査」である。流域に約五四〇万人が住むイタリア最長のポー川の水質分析から、年間一五〇〇キログラムのコカインが使用され、末端価格にして一五億ドルになると推定している。これは麻薬取締当局の推定を大きく上回るものだった。

米国ではオレゴン州やワシントン州の麻薬取締局が、この方法で地域に出回っている麻薬の量や種類を調査する試みをしている。この方法は、集合住宅や個別住居などの下水を分析すれば、エストロゲンの比で男女数や居住者が使用している医薬品なども突き止められるという。いずれ、家庭の下水が「個人情報」として保護される時代がくるかもしれない。

file 11

ついにアメリカを抜いた

CO_2排出量が世界一になった中国

世界の総排出量の
21％へ急伸

わずか一二年で倍増

国際エネルギー機関（ＩＥＡ）が二〇〇九年九月に発表した最新の統計によると、中国のCO_2排出量がついに世界一になった。いずれは最大の排出国になるとみられていたが、予想よりも数年早かったことになる。同発表によれば中国の二〇〇七年のCO_2排出量は六一億トン。世界の総排出量二九〇億トンの二一％を占めた。一方、一位だった米国は二〇％の五七億トンで、ついに中国に抜かれた。

一九九〇年当時、中国の排出量は二二億トンで世界の一〇・五％にすぎず、当時二三％を占めていた米国の半分以下だった。それが、一七年間で二・八倍にもなった。他方、日本は一九九〇年の排出量が世界で五番目の一一億トンだったが、二〇〇七年には一二億トンで四・二%になり、世界では中国、米国、EU（欧州連合）、ロシア、インドに次いで六位に順位を下げた。

中国がいかに猛スピードでCO_2を増やしているかは、その排出量が二倍になるのにかかった年数でわかる。米国オークリッジ国立研究所二酸化炭素情報分析センター（CDIAC）の国別排出量統計によれば、二〇〇六年を基準にしてさかのぼると世界全体で倍増年数は三六年。国別にみれば米国は五一年、日本は三八年かかったのに対して、中国はわずか一二年でやってのけた。ちなみにインドは一五年、アフリカ大陸（全体）は二一年である。

中国が世界一に躍り出た理由は、消費の拡大やインフラ建設が急ピッチで進んで、化石燃料の消費が増えつづけているのに対して、欧米や日本は金融危機以後、経済が伸び悩んで消費が増えず差がついたことだ。

中国の二〇〇七年の一次エネルギー総供給量は米国について二位だが、日本の三・六倍もある。中国の一次エネルギー供給の構成は（カッコ内は日本）、石炭六四・二%（二一・三%）、石油一八・三%（四五・六%）、天然ガス二・五%（一四・七%）、原子力〇・八%（一五・〇%）で、石炭がもっとも大きい。

単位あたりのCO_2の発生量をエネルギー源別にみると、石炭・石油・天然ガスの比は一〇：八：六になり、石炭は石油より二五%も多い。石炭への依存が高いことは、それだけCO_2の排出量が多いことを意味する。

スモッグによって昼間でも薄暗い北京．中国の CO_2 排出量は世界一になったが，都市の大気汚染も世界最悪になった

中国では急増する電力需要を満たすために、毎週一基の割合で石炭火力発電所が建設されている計算だ。今後の石油価格の長期上昇傾向をみると、石炭資源にめぐまれる中国はますます石炭依存を増やすものと見られる。

鉱工業では世界をリード

一九九〇年にはＧＤＰで日本の八分の一にすぎなかった中国は、二〇年で日本と肩を並べ、世界二位の経済大国になろうとしている。重工業を核に産業が急拡大し、たとえば粗鋼生産はこの二〇年間で一〇倍を超える急増ぶりだ。二〇〇九年には五億七〇〇〇万トンを突破して世界の四七%、二位の日本と三位の米国を合わせた量の二倍以上も生産している。このほかアルミニウム、銅、鉛、亜鉛、スズなどの生産量も世界一である。

CO_2排出量の大きな産業も急伸している。石炭生産量は二〇〇九年には三〇億トンを超えて、世界の消費量の四〇%を占めるほどだ。自動車生産も二〇〇九年には一三七九万台になり、日本に六〇〇万台近い差をつけて世界一になった。家電製品にいたっては、世界の生産量の七七%を独占している。セメント、化学肥料も一位で、鉱工業の分野では圧倒的に世界をリードするまでに成長した。

不景気にあえぐ国からは中国への羨望の声も聞かれる。だが、オランダ・フローニンゲン大学の経済統計史学者アンガス・マディソンによると、中国は一八八〇年代に米国に抜かれるまで、GDPが世界最大だった。それ以前の一九世紀前半には世界のGDPの三分の一をにぎり、二位のインドと合わせると世界の半分を占めていた。歴史的にみれば「百数十年前の栄華を取り戻した」ということであろう。

中国経済のゆくえは楽観・悲観さまざまな見方があるが、ここ当分の間は高度経済成長がつづき、排出量も増えつづけるという観測が強い。

IEAが予測する二〇三〇年の各国のCO_2排出量は①中国七一億トン(世界の二六・九%)②米国三二億トン(一二・一%)③EU二三億トン(八・七%)④インド二二億トン(八・三%)⑤ロシア一三億トン(四・九%)⑥日本六億トン(二・三%)。

二〇二〇年に向けて中国が省エネなどの努力をしたとしても、石炭火力発電所のCO_2排出量は二〇〇七年と比べて約五割増え、事務所などからの排出量は四割増えると見込まれている。二位になった米国の排出量との差は、さらに開くことになるだろう。

二〇一三年以降のポスト京都議定書の国際枠組みを決める交渉で、先進地域は「近年のCO_2排出量を基準に将来的な削減目標を設定すべき」とする主張を崩さず、一方で発展途上地域の多くは、過去の排出責任を含めて削減基準設定することを主張して、平行線がつづいている。この議論のゆくえは中国の出方しだいである。中国が排出量を増やしつづければ、どんな制度設計をしても実効性は期待できない。

省エネの努力を表明

中国の胡錦濤国家主席は、二〇〇九年九月にニューヨークの国連本部で開かれた国連気候変動サミットで、CO_2の排出抑制に向けて「GDPの単位あたりのCO_2排出量を二〇〇五年比で大幅削減するよう努力する」と述べた。中国は再生可能なエネルギーや原発の開発に積極的に取り組み、温室効果ガスの排出量の伸びを経済成長率以下に抑制すると言明した。中国の主席が、国連で気候変動について立場を明らかにしたのは初めてである。

一方で、排出量低減が困難な理由として以下のような理由を挙げた。①国内の経済格差が大きく、経済発展と生活の向上が最重点課題であるため、工業化を進める必要がある。②人口一人あたりの排出量も従来の一人あたり累積排出量も、欧米先進地域に比べて少ない。③国際分業と製造業の中国への移転で、CO_2排出を引き受けざるをえない圧力が高まっている。また、今後の中国の政策として次の四点を強調した。

（一）省エネを強化してエネルギー効果を高め、二〇二〇年までに単位GDPのCO_2の排出量を二〇〇五年より大幅に下げる努力をする。

（二）再生可能なエネルギーと原子力エネルギーの開発を強化し、二〇二〇年には非化石エネルギー資源が一次エネルギー消費の一五％に達するように努力する。

（三）CO_2の吸収量を増やし、二〇二〇年には森林面積を二〇〇五年より四〇〇〇万ヘクタール増加させて、森林蓄積量も一三億立方メートル増えるように努力する。

（四）強力にグリーン経済を推進し、積極的に低炭素経済と循環型経済を発展させ、気候にやさしい技術を研究し普及する。

そして、二〇〇八年の環境産業の総生産額は九〇〇〇億元（約一一兆八〇〇〇万円）で、年間一五％もの高い伸びを見せ、とくに太陽エネルギーの関連装置では世界最大の生産国になった、と述べた。

進まない省エネ

国家発展改革委員会は二〇〇八年に、全国三〇地域（省・中央直轄市・自治区）の省エネ目標の達成評価を発表した。この省エネは、各省がＧＤＰ一万元あたりの削減目標を設定したものだ。北京市、天津市、上海市、遼寧省など六つの市や省では目標を上回る好成績だったが、河北省、山西省、海南省など七つの省や自治区では達成できなかった。このほか一四省は「目標を達成」、三省は「目標をほぼ達成」だった。

エネルギー消費を産業分野別でみると、単位ＧＤＰあたりで石油・石油化学産業が八・七％、石炭産業が五・五％、電力は〇・八％、金属産業は〇・四％、それぞれ増加した。一方で、製鉄業は一・二％、化学工業は五・〇％、紡績業は五・五％、それぞれ減少した。

中国の国務院発展計画センターは、中国のCO_2排出量は今後三〇～四〇年間にピークを迎えるとみており、二〇一一年にはじまる第一二次五カ年計画の期間中に単位ＧＤＰあたりのCO_2削減計画を作成して実施に移す考えだ。

地域的な対策もはじまり、山西省や山東省の政府は独自の取り組みを進めている。山西省は石炭資源が豊富なために、CO_2排出量が大きく大気汚染も深刻だ。国家発展改革委員会の目標にも達しなかったため、二〇〇九年から省エネのための一〇項目の政策を実施した。まず「省エネ体験日」には、幹部の自動車通勤を禁止して、バス、自転車、徒歩での通勤を求めた。

そして、ナンバーの末尾が一と六の場合は、月曜日を使用停止日とする。以下、ナンバー末尾が二と七ならば火曜日、三と八は水曜日と、一般の自動車に運転禁止日を設けた。さらに、緊急車両を除くすべての公用車に対して月曜日から金曜日のうち一日を使用しない日と定めた。

このほか政府関連建物では、夏期の空調時間を一時間短縮し、照明も数を減らす。ライトアップなどは重要な行事を除いて廃止した。政府と公務員用住宅の照明は、省エネタイプのものに交換する。五階までのエレベータの利用もやめて階段を利用する。高層階でもエレベータは隔階止まりとして、近い階へは階段を利用する。こうした方策で省政府機関の電力使用の五％削減を目指している。

山東省では一二階以下の住宅に新たな建設基準を導入した。省内の既存建築の総面積は三四・八億平方メートルもあり、冷暖房の効率が低いためにエネルギー消費は気候条件の近い先進国の二～三倍にもなる。建築物の断熱性を、従来から六五％高めて省エネ化する新基準も設けた。二〇二〇年までに全省の建築物が省エネ基準に達すると、石炭換算で年間三〇〇〇万トンを節約でき、大気汚染物質排出を年間一五三〇万トン削減し、発電施設への新規投資を年間一〇〇〇億元減らすことができるという皮算用だ。

山東省政府は省エネの面で優れた実績をあげた自治体に対し、計一四四五万元の奨励金を出している。青島市政府、煙台市政府はそれぞれ一〇〇万元の奨励金を受領し、逆に聊城市は目標に達しなかったために、副市長は表彰式において自己批判をさせられた。

世界のCO_2排出量はどんな目標を掲げても、中国のエネルギー消費の抑制抜きには達成はありえないほど、その影響力は絶大だ。ただ、中国は太陽エネルギーに本腰を入れており、太陽電池生産は世界の四〇%を占めて、日本の一二%を大きく引き離している。輸出向けではなくこれが国内で普及すれば、希望がでてくるかもしれない。

file 12

途上地域でもはじまった高齢化
急速に老いていく人類

「高齢化率」世界一
日本の21.6%

高齢化の世紀

「世界人口は予想もしなかった空前の高齢化の途上にある」と警告する報告書「高齢化する世界：二〇〇八」を、米国勢調査局が発表した。二〇世紀は「人口爆発の世紀」といわれたが、二一世紀は「高齢化の世紀」になることが確実になってきた。

急激な高齢化によって、社会・経済の混乱や沈滞を招く国も増えて、人類の将来にとってもっとも深刻な問題の一つに発展しつつある。これはお堅い政府報告書にもかかわらず、クイズで始まっているのが面白い。何問答えられるか、まずはつきあっていただきたい（答えは本章の末尾）。

Q1　世界人口のうち、五歳未満と六五歳以上（高齢者人口）、どちらが多い？

Q2　アフリカ、中南米、カリブ諸国、アジアの各地域のうち、高齢者人口の割合がもっとも大きいのは？

Q3　国別で高齢者人口の割合がもっとも大きいのは？

Q4　八〇歳以上の超高齢者の増加率は、六五歳以上の高齢者よりも高い――ウソか本当か？

Q5　日本は世界の最長寿国だが、現在生まれた赤ちゃんは何歳まで生きられるか？

二〇世紀中に人類の寿命は二五年も長くなり、人類の歴史で五〇〇〇年かかった延びをわずかの期間に達成した。先進諸国を中心に、社会経済の発展、医学の進歩、栄養や公衆衛生の向上などによってもたらされたものだ。とくに、栄養状態がよくなり免疫力が上がって、体力的に弱い乳幼児の死亡率が下がったことが大きい。「不老長寿」をひたすら追い求めてきた人類にとっては、目的はかなりの程度達成されつつあるといってよいだろう。

総人口に占める六五歳以上の人口比を「高齢化率」といい、高齢化の速度は六五歳以上の人口の割合が七％から一四％に二倍になる年数（倍加年数）で表わされる。高齢化率が七％を超えると「高齢化社会」、一四％を超えると「高齢社会」と呼ばれる。世界全体の高齢化率は二〇〇八年の七％から、二〇四〇年には二倍の一四％に上昇する。つまり、倍加年数は三

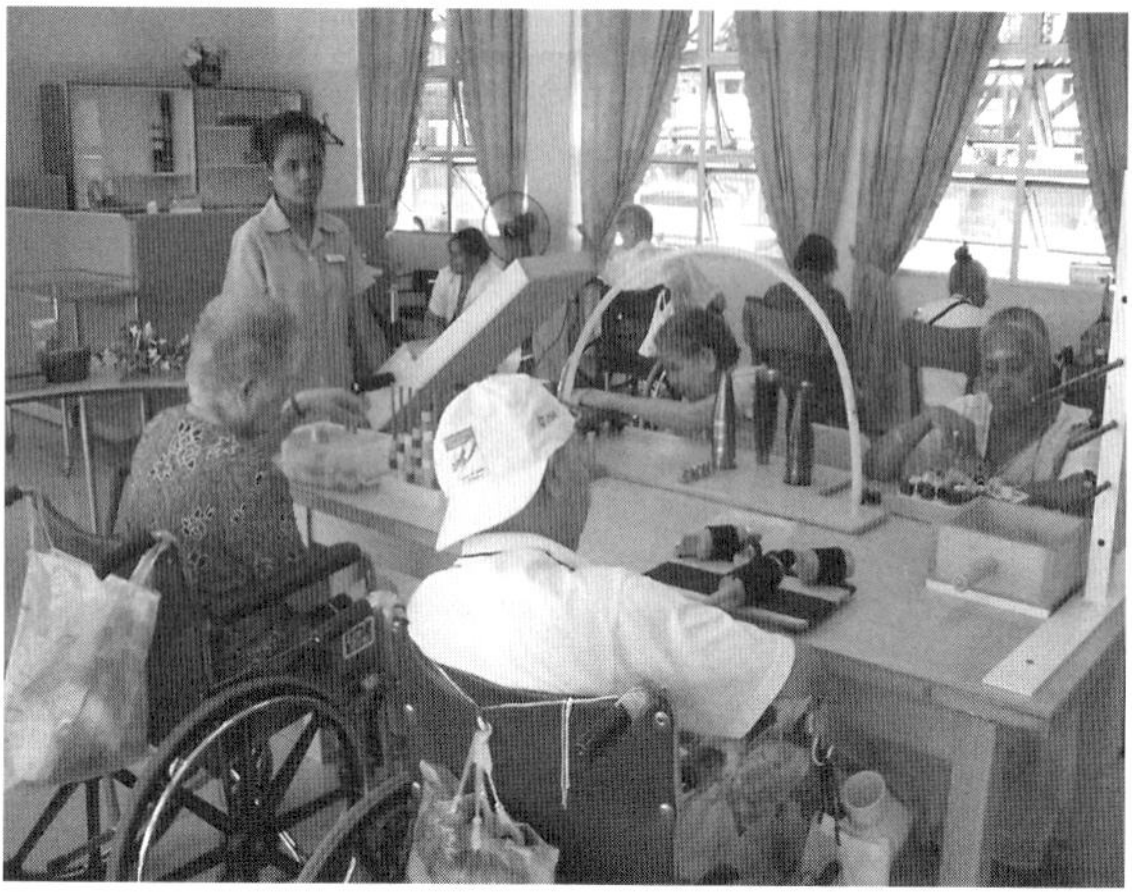

アジア各地の老人ホームは日本とまったく変わらない(シンガポール/安里和晃氏撮影)

二年である。

日本は一九七〇年に七%に達し、一九九六年に一四%になるまでわずか二六年しかかからなかった。日本の高齢化は「史上空前のスピード」という形容詞がつく。というのも、国連人口局によると、他の先進地域では、フランスで一一五年、スウェーデンで八五年、アメリカで七一年、イギリスで四七年、ドイツで四〇年もかかっているからだ。

しかし、これから続々と日本を上まわる国が登場する。韓国は一八年、シンガポールとコロンビアは一九年、ブラジルは二一年、チュニジアとスリランカは二四年しかかからない見込みだ。

途上国でも始まる急速な高齢化

二〇〇八年（年央）の世界人口は六六億九〇〇〇万人。予測によると、二〇四〇年に八八億四〇〇〇万人に達する。人口に占める六五歳以上の高齢者は、二〇〇八年は五億六〇〇〇万人で世界人口の七％。今後一〇年は毎年平均二三〇〇万人ずつ増える。二〇四〇年には一三億人を超えて、世界人口の一四％になる。一九九〇年に高齢者が二〇〇万人以上いた国は二六カ国だったが、それが二〇〇八年には三八カ国に増え、二〇四〇年には七二カ国に増える。

国別に二〇〇八年の高齢化率を見ると、クイズ（Q3）にあったように日本が二一・六％でもっとも高い。「高齢化率が高い国といえば以前はスウェーデンやイタリアが引き合いに出されたが、現在では日本がもっとも老いた国になった」と報告書でコメントされている。

日本に次ぐ高齢化率の高い国は、イタリアとドイツ（二〇・〇％）、ギリシア（一九・一％）、スウェーデン（一八・三％）、スペイン（一七・九％）、オーストリア（一七・七％）、ブルガリアとエストニア（一七・六％）、ベルギー（一七・四％）とつづく。高齢化率トップ二五は、日本を除けばすべてヨーロッパの国々である。

二〇〇八〜四〇年に、人口に占める高齢者の割合の増加を地域別にみると、西ヨーロッパが一七・八％から二八・一％に、東ヨーロッパが一四・五％から二四・四％に、北アメリカが一二・八％から二〇・八％にそれぞれ増加する。また、この間に、八〇歳以上の超高齢者の人口は、西ヨーロッパが四・九％から九・三％に、東ヨーロッパが三・〇％から七・八％になる。つまり、「人口の一割近くが八〇歳以上」という大変な未来が待ち構えている。

高齢化は先進地域の問題とされてきたが、発展途上地域でも急激な高齢化が起きている。途上地域に住む高齢者は二〇〇八年には三億一三〇〇万人で、世界の高齢者の六二％を占める。これが、二〇四〇年には一〇億人以上に増加し、そのときの世界の高齢者の七六％が途上地域の住人になる。全高齢者の四人中三人までが途上地域に住む事態は、想像がむずかしい。

二〇〇八～四〇年の高齢者人口の伸びは、コロンビア二七六％、インド二七五％、バングラデシュ二六一％、ケニア二六〇％など。これらの人口構成が若い発展途上地域で、出生率の低下などのために、これから急激に高齢化が進むとしている。先進地域、途上地域を問わず、高齢化が「地球規模の問題」になりつつあることをものがたる。

アジアの四人に一人が高齢者に

二〇〇八年の時点でもっとも高齢者の数が多いのは中国の一億六〇〇〇万人、二位はインドの六〇〇〇万人。この二つの人口大国の高齢者数を合わせると、世界の高齢者の三人に一人にもなる。日本は三位のアメリカにつづく四位である。二〇四〇年になると、高齢者数は中国が三億二九〇〇万人、インドが二億二二〇〇万人に増える。

高齢者の中でも八〇歳以上の「超高齢者」は、もっとも急速に拡大する年齢層である。二〇〇八〜四〇年に、世界人口は三三%、高齢者は一六〇%それぞれ増加するのに対し、超高齢者は二三三%も増えることが見込まれている。二〇〇八年の世界の超高齢者の五二%は中国、アメリカ、インド、日本、ドイツ、ロシアの六カ国に集中している。

二〇〇八〜四〇年に高齢化率がもっとも速く上昇する国はシンガポールだ。ついでコロンビア、インド、マレーシア、エジプトなどで、トップ二五位まではすべて途上地域である。これから、「南」の国々で高齢化が一段と加速する(この報告書ではシンガポールは途上地域に分類されている)。

世界の高齢化の進展状況を眺めると、アジアの高齢化の速度がほかの途上地域にくらべて格段に速い。出生率の急速な低下と長寿化が原因である。一人の女性が生涯に産む子どもの数である合計特殊出生率は、アジアでは二〇〇五年の二・三四から二〇五〇年に一・九〇まで下がる。人口が増減なしの静止状態になる「置換水準」の二・一を下回り、人口の自然減がはじまる。その一方で、平均寿命(男女合計)は六九・〇歳から、七七・四歳に延びるため、高齢化率は六・四%から一七・五%へ高まる。

とくに、中国、日本、韓国などアジアでは高齢化が急ピッチだ。アジア全体の高齢化率は二〇〇〇年に七・八%で、すでに「高齢化社会」に突入し、二〇二五年には一五・〇%で「高齢社会」に、そして二〇五〇年には二四・八%と、約四人に一人が高齢者になる。

高齢者問題国際行動計画

二〇〇八年の平均寿命(男女合計)は、日本が八二・一歳で世界最長である。これに、シンガポールの八一・九歳、フランスの八〇・九歳、スウェーデンとオーストラリアの八〇・七歳、カナダの八〇・五歳、イタリアの八〇・一歳がつづく。その一方で、アフリカのジンバブエは三九・七歳、南アフリカは四二・四歳、マラウイは四三・五歳などで、寿命には大きな格差がある。

二〇〇八年の日本の女性の平均寿命は八六・〇五歳、男性は七九・二九歳。女性は二四年連続世界一、男性は前年より一つランクを落として四位だった。国・地域別に比較すると、女性の二位は香港(八五・五歳)、三位はフランス(八四・五歳)、四位はスイス(八四・二歳)、五位はイタリア(八四・〇歳)。

男性の一位はアイスランド(七九・六歳)、二位はスイスと香港(七九・四歳)、四位が日本で五位はスウェーデン(七九・一歳)。国立社会保障・人口問題研究所の報告書で日本のデータを補うと、二〇五五年の平均寿命は女性が九〇・三四歳、男性が八三・六七歳にまで上昇する。すでに日本の一〇〇歳以上の長寿者は、二〇〇九年九月の時点で初めて四万人を突破して、四万三九九人になった。昨年から四一二三人も増えた。

南デンマーク大学加齢研究センターやドイツ・マックスプランク研究所などの研究者が、

英医学誌「ランセット」に発表した研究によれば、日本、アメリカ、イギリス、フランス、ドイツ、カナダなどの先進国では、さらに寿命が延びつづけて、今日生まれた赤ちゃんの半数以上は一〇〇歳まで生きられるとみる。

こうした人類の高齢化に対して、国連は一九八〇年代から危機感を抱いていた。一九八二年には国連主催ではじめての「高齢化に関する世界会議」が、オーストリアのウィーンで開かれた。会議では高齢者の問題だけでなく、高齢化がもたらす経済的・社会的・文化的な影響を含めた問題を広く討議した。

会議では、各国の高齢化対策の指針となる「高齢者問題国際行動計画」が採択された。行動計画は、健康と栄養、高齢消費者の保護、住宅と環境、家族、社会福祉、所得保障と就業、教育など一一八項目が盛り込まれている。

二〇〇二年にはスペインのマドリッドで「第二回高齢化に関する世界会議」が開催された。二〇年を経過したウィーン会議の結果を再検討するとともに、高齢化に関する国際行動計画を改訂することが目的だった。高齢者を一括して従属人口もしくは社会的被扶養者と見るのではなく、社会の資産・資源ととらえて高齢者の社会参加や世代間交流、さらには高齢者の役割を高めていく必要性が議論された。

これまで高齢化問題に関心の薄かった途上地域も、出生率の低下や寿命の延びがはじまったことで高齢化が身近な課題になり、多くの途上地域政府代表が高齢化への取り組みを表明した。とくに、貧困やエイズが高齢者の生活を圧迫している実態や、伝統的な家庭や地域における高齢者扶養システムが崩壊している現状などを訴えた。人口爆発の危機は終わったわけではないが、これに高齢化という新たな問題が人類に加わった。

（クイズの答え）

A1：五歳未満。ただし一〇年以内に史上初めて高齢者人口の方が多くなる。A2：カリブ諸国が七・八％で最大。ちなみに、中南米六・四％、アジア（日本を除く）六・二％、アフリカ三・三％。A3：日本。A4：本当。A5：八二歳。ちなみに一九四七年当時は五二歳。

石 弘之

1940年東京都生まれ．東京大学卒業後，朝日新聞社に入社し，ニューヨーク特派員，科学部次長，編集委員．85〜87年国連環境計画(UNEP)上級顧問．94年に朝日新聞社を退社し，東京大学大学院教授，駐ザンビア特命全権大使，北海道大学大学院教授，東京農業大学教授などを歴任．国連ボーマ賞，国連グローバル500賞，毎日出版文化賞などを受賞．『地球環境報告』(岩波新書)『地球・環境・人間』(岩波科学ライブラリー)など，地球環境をテーマにした多数の著書がある．

岩波 科学ライブラリー 170
地球環境の事件簿

2010年 5月21日 第1刷発行
2022年12月15日 第5刷発行

著 者 石《いし》 弘之《ひろゆき》

発行者 坂本政謙

発行所 株式会社 岩波書店
〒101-8002 東京都千代田区一ツ橋2-5-5
電話案内 03-5210-4000
https://www.iwanami.co.jp/

印刷 製本・法令印刷 カバー・半七印刷

ISBN 978-4-00-029570-3 Printed in Japan

●岩波科学ライブラリー〈既刊書〉

305 斎藤 毅
抽象数学の手ざわり
定価一四三〇円

ピタゴラスの定理や素因数分解といったなじみ深い数学を題材に、現代数学のキーワード「局所と大域」「集合と構造」「圏」「線形代数」などを解説。紙と鉛筆をもって体験すれば、現代数学の考え方がみえてくる。

306 椿 玲未
カイメン すてきなスカスカ
定価一七六〇円

どこを切ってもスッカスカ! 動物? 植物? そもそも生物? そんな存在感のないカイメンが、じつは生態系を牛耳る黒幕だった!? サンゴ礁の豊かな海も彼らなしには成り立たない。ジミにすごいその正体は?【カラー頁多数】

307 有田正規
学術出版の来た道
定価一六五〇円

学術出版は三五〇年を超える歴史を経て、特殊な評価・価値体系を形成してきた。その結果として生じている学術誌の価格高騰や乱立、オープンアクセス運動、ランキング至上主義といった構造的な問題を解き明かす。

308 土谷尚嗣
クオリアはどこからくるのか?
統合情報理論のその先へ
定価一五四〇円

これまでの研究における発展と限界、有望視されている統合情報理論、そして著者が取り組んでいるクオリア(意識の中身)を特徴づける研究アプローチを解説。意識研究の面白さ、研究者が抱いている興奮を伝える。

309 谷口忠大
僕とアリスの夏物語 人工知能の、その先へ
定価一七六〇円

突然現れた謎の少女アリス。赤ちゃんのように何も知らなかったが、主人公・悠翔たちから多くを学んでいく。しかしある日……!? AIと共存する未来とは。「発達する知能」はどう実現されるのか。小説と解説の合わせ技で迫る!

定価は消費税一〇%込です。二〇二二年一二月現在